[한국인이 알아야 할]
인공지능

[한국인이 알아야 할]

인공지능

황동현 지음

스토리하우스

시작하는 말

　최근 전 세계의 이슈는 기후위기에 대한 우려와 미·중 경제전쟁으로 인한 지역 패권화 그리고 인공지능으로 대변되는 챗GPT의 개발 전쟁 등으로 구분해 볼 수 있다. 인공지능으로 한정해서 살펴보면 한 측면은 한국사회를 관통하는 '가상자산(코인)'은 인간 욕망의 중요한 한축을 담당하고 있다. 전 세계는 비트코인으로 대변되는 코인 열풍에 휩싸였으며, 비트코인 채굴을 위해 GPU(컴퓨터그래픽처리장치) 개발이 급성장하게 되었다. 엔비디아라는 기업은 인공지능 계산에 적합하다는 특징을 살려 인공지능 기술에 대응 성공하게 되었다. 즉 인간의 욕망이 결국 인공지능 기술개발에 혁신적인 역할을 한다는 아이러니를 낳고 있다. 또 다른 측면은 IT 대기업들의 치열한 경쟁이 챗GPT의 탄생 및 발전의 기폭제 역할을 담당하고 있다. IBM에서 구글 및 마이크로소프트사의 비약적인 발전과 애플, 아마존 등 빅테크 기업들이 인공지능의 혁신을 주도하고 있다.

　최근 언론보도를 보면, '인간의 뇌에 칩 이식, 머스크 뉴럴링크, FDA 임상승인' '인간의 지적 능력을 뛰어넘는 순간…"특이점"이 시작' '챗GPT 앱, 한국상륙…말로 해도 알아듣는다' 등 매일 매일 다양한 이슈들이 넘쳐 나고 있다. 전문가가 지속적으로 관심을 갖더라도 **인공지능의 변화는 과히 혁신을 넘어선 경지**이다. 이제는 인공지능(AI)이 지배하는 세상을 걱정하며 기업에서는 경영전략을 짜야하고 국가의 경쟁력을 세워야 하는 시대가 되었다.

　이런 급변되는 상황에서도 우리는 새로운 지식은 물론 항상 기본을 중시해야한다. 이에 그동안 ICT업계의 경험 등을 살려 공학도 등은 물론 일반인이자 한국인이 알아야 할 기본 소양으로서 인공지능 관련 책을 출간하게 되었다. 인공지능의 기초 개념을 강조하며 필수적인 기본지식을 갖추어야 한다는 메시지를 전달하고자 하였다. 책의 내용을 간략히 살펴보면 • 1장~2장은 인류문명 시작에서 4차산업혁명 까지와 인공지능의 역사, 챗GPT 출현까지의 발전을 정리 • 3장~4장은 인공지능 기술인 **머신러닝과 딥러닝의 이해**, 개발언어인 **파이썬과** 구현도구인 **텐션프로**를 설명한다. • 5장~6장은 인공지능 개발의 필수인프라인 클라우드와 빅데이터의 분석과 자율주행차, 헬스케어 등으로 대변되는 비즈니스의 이해 • 7장~8장은 인공지능 지식재산권과 윤리를 살펴보고 인수경쟁, 일자리 그리고 챗GPT 이후 미래사회 등을 통해 인공지능의 기초 개념과 이해를 바탕으로 긴 여정을 간결하게 안내하고자 노력하였다.

또한 이 책이 나오기까지 추천사를 써 주신 **오명 전 부총리님**은 우리나라의 살아있는 IT업계 대부로 저자와는 1980년대 후반 만나 최근에도 함께 활동하고 있다. **이건웅교수님**은 함께 '디지털혁신으로 이루는 미래비전' 책 출간을 하였고 글로벌사이버대학에 근무하며 세심한 조언을 아끼지 않았고, **안우리대표님**은 이번 책 출간 작업에 혼신의 힘을 다하여 주셨다. **김진환교수님**은 한성대학교에서 인공지능에 눈을 뜨게 하여주셨고, **최찬규대표님**은 IT업계에서 끊임 없는 영감을 불어넣어 주고 있다. 이창원 한성대학교 총장님, 강병준 전자신문 대표님, 문형남 숙대 교수님, 이진 IT조선 부장님, 윤영진 네이버 실장님, 윤성임 소셜앤비즈 대표님 등 모든 분들에게 이 자리를 통해 **감사의 인사**를 드린다.

마지막으로 지난 2023년 5월, 미국 대통령이 구글과 마이크로소프트 등 빅테크기업 최고경영자들이 참석한 백악관 인공지능(AI) 회의에 깜짝 방문했다. 이날 회의에서 정부는 기업과 함께 대응방안 등을 마련하고 있으며 함께 노력하는 자세를 강조하였다. 이렇게 국가, 기업이 함께 전략적인 접근을 통해 함께 한다면, **공존하는 사회의 구현은 물론 풍족하고 행복한 인간사회**가 될 것으로 확신한다.

추천의 글

저자는 1980년대 후반 데이콤(현 LG U+) 신입사원으로, 저와 함께 한국의 정보혁명을 이끌기 위해 강연 및 시연 지원활동 등에 적극 참여하였다. 또한 정부의 제 2이동통신 사업권 획득에 적극 기여하였고, 이후 대학교에서 학생들을 지도하며 한국의 인공지능 등 정보통신 성공을 위해 연구 활동 등을 지속적으로 전개하고 있다. 이번에 그동안의 경험 및 연구를 통해 **"한국인이 알아야 할 인공지능(AI)"**를 발간하게 되어 진심으로 축하를 드린다. 이에 일반인 혹은 비전공자인 인문학도들도 인공지능을 쉽게 이해하는데 크게 도움이 될 것으로 확신하며 적극 추천 드린다.

한국은 이제 전 세계를 선도하는 **정보통신기술(ICT) 선진국가**가 되었다. 이는 1980년대부터 오늘날 빅데이터와 인공지능(AI) 서비스의 근간인 데이터 통신을 정책으로 키운 것이 정보화 및 4차 산업혁명시대에 앞서가는 초석이 됐다고 생각한다.

1970년대 말 전 세계에는 정보화 혁명이 불기 시작하였다. 이에 적극 대응해 선진국과 어깨를 나란히 하게 되었으며, 정보화 물결을 받아들여 가장 앞서가는 ICT강국이 된 것이 반만년 역사의 가장 위대한 업적이다. 정보화 사회에서 컴퓨터와 통신이 결합하면서 정보 가치가 극대화되었고, TDX 개발, 광케이블의 과감한 전국포설, PSTN 개방 등으로 짧은 기간에 ICT강국이 되었다.

앞으로는 **정보화 혁명에 이은 인공지능(AI) 혁명**을 준비해야 한다. 정보화 강국이 됐던 것과 같이 과감한 정책과 투자, 연구개발을 통해 미래를 **능동적으로 만들어가야 할 것이다.** 챗GPT로 촉발된 최근을 "AI시대 대중화의 원년 혹은 AI의 서막이 열렸다."고 표현되고 있다. 이에 따라 대다

수 생성활동을 AI로봇이 수행할 것이라고 예상된다. 또한 AI혁명의 심화는 부의 편중을 심화시키고, 대부분의 부는 많은 로봇을 소유한 사람들에게 속하게 될 것이라고 전망된다.

이런 AI혁명 시대를 대비하기 위해 가장 중요한 것은 교육의 변화이다. 앞으로 30년 후에는 현재 직업 중 대다수가 없어질 수 있을 것이며, 대학교에서 가르치는 교육이 현 시대에 필요한 교육에 한정짓지 말고 미래를 대비할 수 있는 교육으로 나아가야 한다. 또한 한국이 전 세계를 선도하는 정보통신기술(ICT) 국가로 도약하는 계기가 됐던 정보화 혁명 사례를 참고해 과감한 정책과 투자, 연구개발(R&D)을 실행해야 한다.

이외에도 저출산에 따른 생산성이 낮아지는 현상이 심화되면서 미래 시대를 대비해야 할 방법의 하나로 시니어 세대를 활용할 것을 제안한다. 저는 지금도 그간 경험을 바탕으로 메타버스 전문가들과 함께 일하고 있다. 선진국화를 위해서는 미국과 같이 정년을 없애고 경험이 많은 시니어층을 적극 고용하는 방안을 고려해야 한다.

다시 한번 저자의 책 출간을 축하드리며, AI혁명시대 미래를 능동적으로 준비하기 위해 학생, 직장인은 물론 일반인들도 쉽게 이해할 수 있는 이 책을 적극 추천드린다.

2023년 6월
오명 공학박사(전 부총리)

추천의 글

▌오명 박사님(전 부총리) 소개

한국 정보통신 혁명의 살아있는 전설하면, 오명 전 부총리를 단연 1순위로 꼽는다.

한국을 IT강국으로 이끈 주인공으로서 네 차례나 장관직을 역임하며 탁월한 리더십을 바탕으로 많은 성과를 쌓았다.

전전자교환기(TDX), 4메가디램, 슈퍼미니컴퓨터의 개발을 주도하고 전국전화자동화 사업 더 나아가 인천국제공항 건설, 고속철도 건설 및 고속도로 전용차로제 도입 등 주요 프로젝트를 주도했다.

더욱이 미국뉴욕주립대학교(스토니브룩) 명예의 전당에 1호로 이름을 올리는 영예도 안았다.

우리는 지금을 정보지능화, 4차산업혁명, AI혁명의 시대라 말한다. 여기까지 오기에는 오명 전 부총리의 새로운 도전과 사명감, 그만의 '오케스트라 지휘자 같은 리더십'의 시너지효과가 더해진 노력의 결과였다.

목차

CHAPTER 1 인류문명의 시작에서 4차 산업혁명까지

제1절 농업혁명에서 4차 산업혁명의 도래 ·· 14
제2절 4차 산업혁명의 정의 및 특징 ·· 22
제3절 4차 산업혁명의 핵심기술 ·· 26
제4절 4차 산업혁명에 따른 미래사회의 변화 ·································· 41

CHAPTER 2 인공지능(AI) 발전 및 챗GPT 출현

제1절 인공지능(AI) 개념 ··· 50
제2절 인공지능(AI) 발전 ··· 55
제3절 챗 GPT 출현(2022~) ··· 67

CHAPTER 3 인공지능(AI) 기술(머신러닝과 딥러닝) 이해

제1절 컴퓨터 프로그램(Program) ··· 80
제2절 머신러닝(Machine Learning : 기계학습) 이해 ···················· 85
제3절 딥러닝(Deep Learning)의 이해 ·· 98

목차

CHAPTER 4 인공지능(AI) 개발 언어(파이썬)와 도구(텐서플로우)

제1절 인공지능 개발 언어 ……………………………………… 116
제2절 파이썬(Python) 언어 …………………………………… 121
제3절 인공지능 구현도구 : 텐서플로우(TensorFlow) 기초 ……… 153

CHAPTER 5 인공지능(AI) 개발을 위한 필수 인프라(클라우드와 빅데이터)

제1절 클라우드(Cloud) ………………………………………… 164
제2절 빅데이터(Big Data) ……………………………………… 176

CHAPTER 6 인공지능(AI) 비즈니스 이해

제1절 비즈니스 지원을 위한 인공지능 ……………………………… 198
제2절 인공지능 비즈니스 성공 사례1(소매업) ……………………… 204
제3절 인공지능 비즈니스 성공 사례2(자율주행차) ………………… 210
제4절 인공지능 비즈니스 성공 사례3(제조업) ……………………… 226
제5절 인공지능 비즈니스 성공 사례4(의료 및 헬스케어) …………… 238

CHAPTER 7

인공지능(AI) 지식재산권과 윤리

제1절 인공지능의 지식재산권 ·· 252
제2절 인공지능 창작물에 대한 지식재산권(특허) ······················ 261
제3절 인공지능 윤리(챗GPT 포함) ·· 267

CHAPTER 8

인공지능(AI) 인수 경쟁, 일자리 그리고 미래사회

제1절 인공지능 스타트업 인수 및 경쟁 ···································· 286
제2절 인공지능 시대와 일자리 ··· 292
제3절 인공지능과 미래사회(인간의 공존) ································· 301

제 **1** 장

인류문명의 시작에서 4차 산업혁명까지

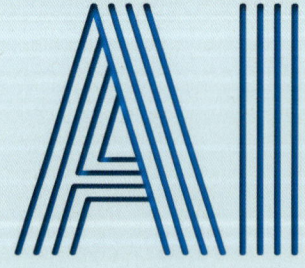

[한국인이 알아야 할]
인공지능

제1절　농업혁명에서 4차 산업혁명의 도래
제2절　4차 산업혁명의 정의 및 특징
제3절　4차 산업혁명의 핵심기술
제4절　4차 산업혁명에 따른 미래사회의 변화

SECTION 1 농업혁명에서 4차 산업혁명의 도래

1. 농업혁명

불과 30여 년(1980~1990년대) 전 컴퓨터와 인터넷으로 대변되는 3차 산업혁명(정보화 혁명)이 시작되었다고 했는데 이제는 4차 산업혁명이 전 세계를 관통하는 화두가 되었다. 일반적으로 '혁명'은 이전의 관습이나 제도, 방식 따위를 단번에 깨뜨리고 질적으로 새로운 것을 급격하게 세우는 일을 의미한다. 도도한 역사의 흐름 속에서 새로운 세계관과 신기술이 정치체계는 물론 경제 및 사회를 완전히 변화시키는 것이다.

인류문명의 발전에 가장 크게 공헌했다고 취급하는 개념으로 농업혁명과 산업혁명을 들 수 있다. 인류문명의 뿌리인 농업혁명은 기원전 1만 년 전 인류가 농사를 짓기 시작하면서부터 수백만 년 간 인류는 유지해왔던 수렵 채취 방식에서 벗어나게 된다. 이에 따라 식량 생산이 가능해지면서 인구가 증가하고 도시들이 생겨났다.

농업혁명은 전 인류가 수렵·채집 경제에서 곡류의 재배·가축 사육에 성공하여 농업 사회로 이행한 문명사의 획기적 사건으로서 18세기 발생한 산업혁명과 맞먹을 만큼 인류 변천사에 중요한 사건이라고 할 수 있다. 이스라엘 역사학자인 유발 하라리(Yuval Noah Harari)는

<사피엔스>에서 농업혁명이야말로 인류 역사상 최대의 사기극[1] 이라는 평가를 내린 바 있으나, 인류 문명의 근본은 여전히 농업이다.

2. 산업혁명

농업혁명 이후 18세기부터 산업혁명이 발생하여 증기기관, 전기 에너지, 컴퓨터와 인터넷에 이르기까지 고도로 발전된 산업혁명이 네 차례에 걸쳐 변혁을 불러왔다.

▼ 그림 1-1 산업혁명의 단계

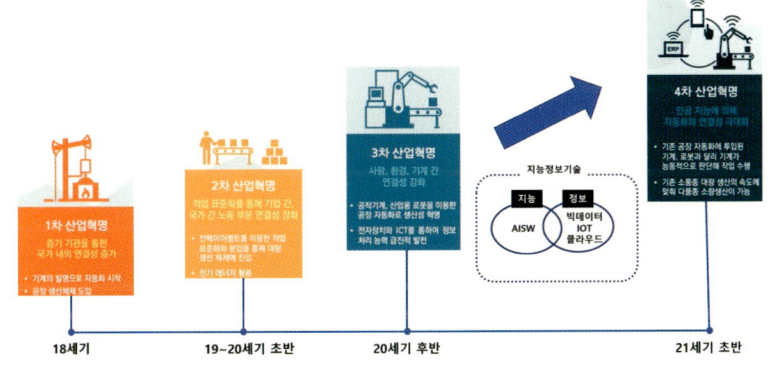

출처 : 과학기술정보통신부, 다보스포럼(2016), 재구성.

산업혁명의 단계
- 제1차 산업혁명 : 18세기 후반 증기기관을 이용한 생산의 기계화 실현
- 제2차 산업혁명 : 19~20세기 초반 전기 에너지 기반의 대량생산 체제 구축
- 제3차 산업혁명 : 20세기 후반 컴퓨터와 인터넷 기반의 정보기술

---

1) 이 주장은 유발 하라리가 영향을 받은 <총·균·쇠>의 저자 제레드 다이아몬드의 주장을 전적으로 이어받은 것이다. 농업혁명의 결과 인구가 늘어나기는 했지만, 개별 인간의 삶의 질은 오히려 하락했기 때문이다.

을 이용한 지식정보사회
• 제4차 산업혁명 : 21세기 초반 지능과 정보가 융합된 지능정보사회

산업혁명의 단계별 흐름을 좀 더 상세히 살펴보면, 18세기(1760~1840년경) 말부터 80여 년 동안 영국에서 진행된 '**1차 산업혁명**'은 '기계화 혁명' 시기로, 기계를 활용한 증기기관이 발명되어 기차와 방적기가 등장하였다. 단순히 마차가 기차로 베틀이 방적기로의 변화가 아니다. 가정과 농토에서 공장과 도시로 삶의 터전 변화와 단순 노동력을 활용한 공장생산 체계가 개막되었다.

▼ 그림 1-2 오스트리아 최초의 증기 기관차

출처 : ETRI(2017)

19세기 말에서 20세기 초 미국과 독일에서 진행된 '**2차 산업혁명**'은 전기 에너지 기반으로 발명한 '대량생산 혁명' 시기이다. 2차 산업혁명은 전기, 자동차 등의 기술혁신을 가리킨다. 기술혁신 외에도 이 시기에는 기업경영에도 새로운 바람이 일었다. 테일러(Taylor)는 노동자의 과업 설정, 과업 달성 등에 대한 과학적 관리를 창안하였고, 헨리 포드(Henry Ford)는 조립 라인 방식에 의한 양산체제인 제도를 확립하였다. 이것은 대량생산과 대중소비의 결합을 추구한 것이다.

▼ 그림 1-3 포드사가 도입한 컨베이어 벨트 시스템

출처 : ETRI(2017)

1차 산업혁명이 영국 등 유럽이 중심이었다면 2차 산업혁명의 결과 미국과 독일의 경제력은 영국을 능가하였고, 일본 등 상대적인 후발주자들도 산업화에 진입하였다. 석유, 철강 산업은 물론 영화, 라디오 등 일상생활에도 수많은 변화가 일어났다. 2차 산업혁명은 다양한 기술혁신을 이루어 많은 사람의 삶의 질을 향상시켰다는 점에 의의가 있다고 평가된다.

그러나 2차 산업혁명을 수행하는 과정에서 많은 문제점[2]이 노출되었다. 또한 과잉 생산 등으로 대공황이 발생하였고 수많은 희생의 그늘이 드리워졌다. 이로 인해 세계 경제가 요동치고 제2차 세계대전의 도화선이 되었다는 견해도 있다.

20세기 후반 미국, 유럽은 물론 전 세계 선진 국가 등을 중심으로 컴퓨터, 인터넷의 발명으로 시작된 '**3차 산업혁명**'은 '지식정보 혁명' 시

---

2) 특히 노동자의 노동 환경은 매우 열악하였다. 19세기 후반 미국에서는 하루에 산업재해로 사망하는 사람이 평균 100명에 달하였고, 하루 12~18시간을 노동해야 하였으며, 빈부 격차가 심화하였다. 또한 자원의 과잉 소비로 환경오염과 생태계 파괴가 가시화되었다. 오늘날에도 문제가 심각해지는 온실효과로 인한 급격한 기후변화와 지구 생태계의 위기 등이 그것이다.

기이다. 정보화의 주역인 컴퓨터는 일반 가정 및 개인에게 와 닿은 시기로 1977년에 처음 등장한 일반 가정용 데스크톱 컴퓨터, 1990년에 등장한 월드 와이드 웹을 계기로 보급이 가속화되었다. 이를 '컴퓨터 혁명'이나 '디지털 혁명'이라고도 한다. 또한, 정보 공유 방식이 생기면서 정보통신기술의 발달로 사람, 환경, 기계 등의 연결성이 강화된 시기이다.

▼ 그림 1-4 로봇 시스템 중심인 테슬라 자동차 조립 공장

출처 : ETRI(2017)

이처럼 발명 이후 초기에는 보급이 더디지만, 기술이 발전될수록 훨씬 더 가속화되는 경향이 있다. 휴대용 인터넷 기기와 SNS(소셜미디어)가 보급되면서 이 혁명은 사회의 발달에도 큰 영향을 미치고 있는데, 2010년대부터 중동 지방에서 동시다발적으로 발생하고 있는 민주화 혁명이 한 예이다. 인터넷으로 대표되는 '정보기술(Information Technology)'의 창안이 지구의 수많은 사람 간 정보 교환하는 것을 그 전보다 압도적으로 편리하게 만들었다는 것은 부정할 수 없는 사실이다.

그러나 엄밀히 말하자면 앞선 두 혁명과 달리 정립한 개념은 아니다.3) 2011년 미국의 경제학자이며 사회학자인 제러미 리프킨의 책 '3

차 산업혁명(The Third Industrial Revolution)'을 통해 대중화되었다.

3. 4차 산업혁명의 도래

오늘날 **4차 산업혁명**이 시작되었다. 지능정보 기술을 기반으로 한 제4차 산업혁명은 21세기 초반 시작과 동시에 출현했다. 2016년 1월 스위스의 휴양도시 다보스에서 세계 정치인, 경제인, 기업인들이 모여 세계경제포럼(WEF, World Economic Forum)이 개최되었다. 1971년부터 해마다 개최되는 이 행사는 50여 년의 역사를 가진 포럼이다. 이 행사에서 클라우스 슈밥(세계경제포럼 회장)이 "기술혁명이 우리의 삶을 근본적으로 바꿔놓고 있다"며 주된 의제로 '4차 산업혁명의 이해(Mastering the Fourth Industrial Revolution)'를 이야기하였고, 향후 세계가 직면할 화두로 '4차 산업혁명'을 거론하였다.

▼ 그림 1-5 2016년 다보스포럼/세계경제포럼

출처 : 다보스포럼(WEF)(2016)

---

3) 정립되지 않은 개념인 만큼 종료 시점도 의견이 분분하다. 제러미 리프킨은 오늘날에도 3차 산업혁명이 진행 중이라 보고 있다. 3차 산업혁명이라는 용어는 2011년 제러미 리프킨의 책 <3차 산업혁명>을 통해 대중화되었다. 리프킨 이전에는 1980년 앨빈 토플러가 책 <제3의 물결>을 발표하면서 비슷한 개념을 제기하기도 했다.

그 이후 4차 산업혁명이 유행어처럼 회자되었고 많은 논의가 이루어지기 시작했다. 세계경제포럼은 매년 세계 경제의 흐름을 파악하는 지표로 2022년에는 '세계의 상태(State of the World)'를 주제로 온라인으로 진행되었다. 이 포럼에서는 각국 정상들과 국제기구 지도자, 정치 경제 분야 전문가들이 참가해 '코로나19, 4차 산업혁명, 에너지 전환, 기후 위기 대응' 등을 다루었다.

표 1-1 세계경제포럼 의제

구 분	의 제
2013(43회)	대전환(Great Transformation)
2014(44회)	유연한 역동성(Resilient Dynamism)
2015(45회)	세계의 재편(Reshaping of the World)
2016(46회)	4차 산업혁명의 이해 (Mastering the Fourth Industrial Revolution)
2017(47회)	새로운 세계 상황(The New Global Context)
2018(48회)	소통과 책임의 리더십 (Responsive and Responsible Leadership)
2019(49회)	세계화 : 제4차 산업혁명시대 세계질서구축 (Globalization : Shaping a global Architecture in the Age of the Fourth Industrial Revolution)
2020(50회)	결속력과 지속력 있는 세계를 위한 이해관계자들 (Stakeholders for Cohesive and sustainable World)

출처 : 4차산업혁명융합법학회(2020), 유웅환(2017)

'4차 산업혁명' 용어는 정보 통신 기술(ICT) 기반의 새로운 산업 시대를 대표하는 용어가 되었다. 컴퓨터, 인터넷으로 대표되는 제3차 산업혁명에 "지능"이 추가되어 한 단계 더 진화한 혁명으로도 일컬어진다.

세계경제포럼에서 4차 산업혁명을 제시하기 전인 2011년 하노이 박람회에서 독일 정부는 이미 '인더스트리 4.0(Industry 4.0)' 정책 추진을 논의하였다. 인더스트리 4.0은 기술이 글로벌 가치사슬 구조를 근본적으로 어떻게 바꿀 수 있는지 설명하는 용어이다. 스마트 공장 도입을 통해 전 세계적으로 가상과 물리 시스템 간에 협력할 수 있는 세상을 만든다. 혁신을 통해 경쟁력을 강화하기 위한 것으로, 사물인터넷(IoT, Internet of Things)을 통해 생산기기와 생산품 간의 정보 교환이 가능한 제조업의 완전한 자동 생산 체계를 구축하고 전체 생산과정을 최적화하는 목표로 추진되었다.

2011년에 독일 정부는 4차 산업혁명을 제시하고, 리프킨은 3차 산업혁명을 제시했다. 어느 것이 맞을까? 3차 산업혁명이 등장한 지 불과 30여 년 만에 4차 산업혁명에 들어섰다고 볼 수 있는가?

이에 대해 4차 산업혁명의 화두를 던진 클라우스 슈밥(Klaus Schwab) 회장은 4차 산업혁명이 속도, 범위, 체제에 대한 충격의 세 측면에서 3차 산업혁명과 확연히 다르다고 강조했다. 세 번의 산업혁명과 마찬가지로 모든 면에서 강력한 영향력을 행사하며, 역사적으로 큰 의미가 있다고 보았다.

SECTION 2   4차 산업혁명의 정의 및 특징

1. 4차 산업혁명의 정의

　4차 산업혁명은 이전의 산업혁명들과는 정의나 개념 등이 다소 모호하게 진행되었으나, 2016년 다보스포럼에서 클라우스 슈밥은 "4차 산업혁명을 기존의 산업혁명들과 비교했을 때 단순히 기기와 시스템을 연결하고 스마트한 것에 그치지 않고 보다 넓은 범주까지 포함한다. 나노기술, 퀀텀 컴퓨팅 등 다양한 분야에서 거대한 변화가 동시에 일어난다. 이 모든 기술이 융합하여 물리학, 디지털, 생물학 분야가 상호교류하여 그 어떤 혁명과도 근본적으로 궤를 달리한다."라고 하였다(클라우스 슈밥, 2016). 4차 산업혁명은 선형적인 변화가 아니라 완전히 차원이 다른, 지각 변동 수준이라고까지 보았다.

　정부의 4차 산업혁명위원회는 <국가기본정책>에서 "4차 산업혁명은 인공지능·빅데이터·네트워크의 디지털 기술로 촉발되는 초연결 기반 지능화 혁명"이라고 정의하였다. 한국전자통신연구원(ETRI)도 "초연결·초지능·초실감의 ICT 기술과 다양한 과학기술 융합에 기반한 차세대 산업혁명"이라고 정의하고 있다(최성, 2021). 또한 "지능혁명을 기반으로 물리적·디지털 공간 및 생물학적 경계가 희석되는 기술 융복합 시대"라는 일반적으로 통용되는 정의가 있다고도 보았다(유웅환, 2017).

4차 산업혁명의 시대정신은 뷰카(VUCA)로 요약된다. 변동성(Volatility), 불확실성(Uncertainty), 복잡성(Complexity), 모호성(Ambiguity)이 특징이다. 인공지능과 과학기술의 빠른 발전 속도로 인한, '뷰카'의 시대라 하겠다(4차 산업혁명위원회, 2021). 이런 관점에서 4차 산업혁명은 3차 산업혁명의 토대인 정보통신기술(ICT)의 기반 아래 '지능'과 '정보'가 융합된 '지능정보사회', '제2차 정보혁명'이라 정의를 내린다. '제1차 정보혁명'에 인공지능이 융합된 새로운 정보사회의 재탄생인 것이다(김미혜 외, 2019).

이렇게 정의하는 범위와 이를 바라보는 시각이 다양하게 존재하여, 정의와 개념에 대해 논쟁의 여지가 존재할 수 있다고 볼 수 있다. 그러나 현존하는 주장들을 종합해 보면, 4차 산업혁명은 '**지능혁명을 기반으로 물리적, 디지털적, 생물학적 경계가 모호해지는 기술의 융합으로 사회 전반에 대변혁이 일어나는 시대**'로 정의할 수 있다.

2. 4차 산업혁명의 특징

4차 산업혁명의 정의를 설명하면서 간략히 특징을 살펴보았지만, 클라우드 슈밥이 제시한 특징과 일반적인 특징들로 구분하여 살펴볼 수 있다. 클라우스 슈밥이 제시한 특징을 살펴보면

첫째, **속도(Velocity)** 측면에서 선형적인 속도가 아니라 기하급수적인 속도로 전개 중이다. 이는 기존의 제1차에서 제3차까지의 산업혁명과는 달리 인류가 지금까지 경험하지 못한 정도의 속도로 혁신적인 기술 진보가 전개되고 있다. '거대한 쓰나미'라는 표현도 사용되고 있는데, 이는 현재 세계가 다면적이고 깊게 연관되어 있으며 신기술이 새롭고 뛰어난 역량을 창출한 결과이다.

둘째, **범위와 깊이**(Breath and Depth) 측면에서 혁신적인 패러다임 전환이 진행되고 있다. 이는 디지털 혁명을 기반으로 다양한 과학기술의 융합을 통해 경제, 기업, 사회, 문화 등 사회 전반의 광범위한 변화가 일어나고 있다.

셋째, **시스템 충격**(Systems Impact) 측면에서 이전 산업혁명과는 차원이 다르게 4차 산업혁명은 국가 간, 사회 간, 산업 간 그리고 사회 전체의 시스템 변화를 수반하여 세계 체제에도 큰 변화를 일으킬 것으로 예상된다(클라우스 슈밥, 2016). 이와 더불어 인공지능, 로봇, 자율주행 등과 같은 수많은 분야에서 기술혁신이 일어나고 끊임없이 융합하는 포괄적인 변화이다. 또는 숙박 공유 서비스인 에어비앤비(Airbnb), 승객과 차량을 직접 연결하는 모바일 서비스인 우버(Uber) 등과 같은 제품이 아닌 시스템적 혁신이다. 혹은 인간과 유사한 로봇들의 등장은 인간의 정체성에 대한 물음표를 던지는 특징 등으로 구분하기도 한다(김미혜 외, 2019).

이에 비해 일반적인 특징은 초지능화(Hyper Intelligent), 초연결성(Hyper Connectivity), 초실감(초현실사회 : Hyper Reality) 같은 용어로 규정되는 사회이다. 모든 것이 보다 지능화된 사회로 변화되고, 모든 것이 상호 연결되고, 현실과 가상공간의 경계가 없어질 것으로 예견된다(최성, 2021).

- **초지능화(Hyper Intelligent)**
인간의 인지능력(언어·시각·감성 등)과 컴퓨터 기술을 통해 학습 및 추론 등 지능을 구현하는 인공지능(AI)은 더욱 지능화되고 스마트해진다. 즉 기계가 인간의 능력을 능가하는 인공지능 사회로 변화한다.

- **초연결성(Hyper Connectivity)**

　초연결성은 대규모 데이터를 수집·저장·관리·분석하는 빅데이터 기술과 인터넷상의 데이터 저장 및 정보 처리를 담당하는 클라우드, 인터넷 기반으로 사람-사물 혹은 사물-사물 간의 연결성이 기하급수적으로 확대되면서 발생한 개념이다. 이러한 초연결성은 '데이터 빅뱅 시대'를 초래하여 데이터가 기업의 자본인 시대가 도래한 것이다.

- **초실감(초현실사회 : Hyper Reality)**

　초실감은 가상현실(VR : Virtual Reality)과 증강현실(AR : Augmented Reality), 메타버스(Meta Verse)로 나누어 볼 수 있다. 가상현실은 자신과 배경 모두 현실이 아닌 가상의 이미지를 활용하는 기술이다. 증강현실은 실제 이미지에 가상을 합성하여 원래의 환경에 존재하는 이미지처럼 구현하는 기술이다. 이와 달리 메타버스는 가상현실에서 발전되어 인간과 상호작용이 가능하며, 다른 가상세계를 열어주는 기술로 세컨드 라이프 구축이 가능하다.

▼ 그림 1-6 제4차 산업혁명이란

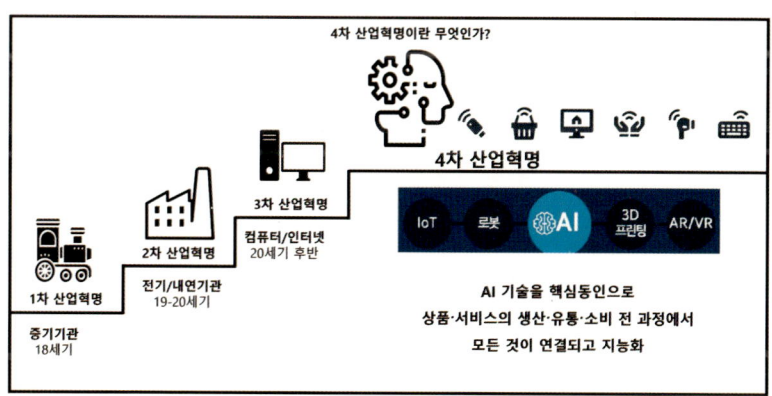

출처 : 다보스포럼(2016), 최성(2021). 재구성

SECTION 3

4차 산업혁명의 핵심기술

4차 산업혁명은 3차 산업혁명에 지능정보 기술을 기반으로 기술 융합 시대이나, 기술 발전 및 진화가 전개되고 있어 경계와 미래를 예측하는 것은 무의미하다. 그러나 4차 산업혁명을 이끌 핵심기술을 조망하고 기술 발전의 주류를 이해하기 위해서 크라우드 슈밥의 분류인 디지털·물리학·생물학을 중심으로 기술한다.

표 1-2 4차 산업혁명의 핵심기술

영역	핵심기술	주요 내용
디지털 (Digital)	인공지능 (AI)	• 인간의 지능적인 행동을 모방할 수 있도록 컴퓨터 프로그램으로 실현한 기술
	사물인터넷 (IoT)	• 인터넷 기반으로 사람-사물 혹은 사물-사물 사이의 모든 정보와 상호작용하는 서비스
	블록체인 (Blockchain)	• 기술 측면에서 분산원장 방식의 데이터베이스 • 비즈니스 측면에서 개인 간에 가치, 자산 등을 이동할 수 있는 교환 네트워크
	플랫폼 (Platform)	• 주문형 경제 및 공유경제의 실현 • 디지털 플랫폼 비즈니스의 급격한 성장
물리학 (Physical)	로봇공학 (Advanced Robotics)	• 인간과 유사한 모습과 기능을 가진 기계 또는 주어진 일을 수행하는 기계 • 클라우드를 통해 원격 정보에 접근 가능하며, 다른 로봇과 네트워킹도 가능

영역	핵심기술	주요 내용
물리학 (Physical)	자율주행차 (Autonomous Vehicles)	• 운전자의 어떤 개입이 없이 스스로 판단해 이동하고 장애물을 피하여 운행하는 자동차의 시스템 • 센서와 인공지능의 발달로 드론, 항공기 등 다양한 종류의 기능이 빠른 속도로 향상
	3D 프린팅	• 3차원 입체물을 만들어 내는 프린터 • 인간의 세포, 기관과 같은 통합 전자제품 등 더욱 보편화 추진
	신소재 (New Materials)	• 새로운 기능(형상기억합금 등)을 갖춘 신소재 등장 • 최첨단 나노 소재(그래핀 등)의 등장
생물학 (Biological)	유전학 (Genetics)	• 생물의 유전자 조작 기술 등을 이용하여 활용하는 학문(예 : DNA 구조와 기능을 활용)
	합성생물학 (Synthetic Biology)	• 생명과학적 이해에 공학적 관점을 도입 • 의학과 농업에 대안을 제시하는 합성생물학의 발전

출처 : 김미혜 외(2019)

1. 디지털기술

1) 인공지능(AI : Artificial Intelligence)

인공지능은 인간의 학습능력, 추론능력, 지각능력을 모방할 수 있도록 컴퓨터 프로그램으로 실현한 기술을 의미한다. 즉 소프트웨어, 컴퓨팅, 시스템 등을 통해 컴퓨터가 인간과 같이 사고하고 판단하도록 인공적으로 구현하려는 컴퓨터 과학이다. 정보공학 분야에 있어 하나의 인프라 기술이기도 하다. 인간을 포함한 동물이 갖고 있는 지능 즉, 자연지능(Natural Intelligence)과는 다른 개념이다.

지능을 갖고 있는 기능을 갖춘 컴퓨터 시스템이며, 인간의 지능을 기계 등에 인공적으로 구현한 것이다. 일반적으로 범용 컴퓨터에 적용한다고 가정한다. 또한 그와 같은 지능을 만들 수 있는 방법론이나 실현 가능성 등을 연구하는 과학기술 분야를 지칭하기도 한다.

▼ 그림 1-7 이세돌 9단과 알파고의 바둑 대결

출처 : 국가생명윤리정책원, https://www.nibp.kr/xe/info4_9/83284

출처 : Bryan's Tech-Log, https://bryan.wiki/266

2016년 인공지능 알파고, 구글의 딥마인드사가 개발한 알파고는 인간의 뇌 구조를 닮은 신경망을 통해 빠른 탐색과 승률 높은 수를 선택하는 탁월한 능력을 가진 것으로 알려져 있다. 인간계의 최고수, 인류를 대표하는 이세돌의 패배는 충격 그 자체였다. 그리고, 인공지능이라는 새로운 존재의 출현을 알리는 문명사적인 신호탄이었다.

2) 사물인터넷(Internet of Things)

1999년 MIT Center 소장인 캐빈 애시톤(Kevin Ashton)이 제안한 것이다. 인터넷 기반으로 사물과 사물 혹은 사람과 사물 사이에 모든 정보 등을 통해 상호작용하는 서비스를 사물인터넷(Internet of Things)이라고 한다. 이 기술을 이용 각종 기기에 통신기능 등을 통해 데이터를 주고받으며 자동으로 작동하는 것이 가능해진다. 스마트폰으로 조정할 수 있는 가전제품이 대표적인 예이다. 모든 기기가 인터넷으로 연결이 되면 냉장고, 세탁기, 전기밥솥 등 모든 가전제품과 통신하는 세상이 도래하고 손가락 하나만으로 모든 것을 마음대로 조정할 수 있게 되어 삶이 편리하게 될 것이다. 사물인터넷은 이러한 세상을 열어주는 기술이다.

이런 사례들은 좀 더 살펴보면, 최근 급성장하고 있는 웨어러블 기기인 시계나 목걸이 형태의 기기를 통해 운동량 등을 측정하고, 스마트폰과 연결 전화·문자 등을 가능하게 해준다. 또는 버스나 지하철을 탈 때 교통카드를 인식하는 등의 형태로도 적용됐다.

오늘날 전 세계적으로 스마트폰, 컴퓨터, 가전기기, 기계장치 등 인터넷과 연결된 기기들은 무수히 많아졌다. 사물이 꼭 무생물일 필요는 없다. 소, 양, 돼지 등도 바이오칩을 이용, 사물처럼 연결되어 농장에서 가축의 건강 상태를 체크하고 위치 등을 추적하는 데 사용되고 있다. 전문가들은 향후 영적 및 질적 변화를 통해 결국 모든 것이 사물

인터넷 시대가 되는 IoE(Internet of Everything) 시대가 될 것으로 예측한다.

▼ 그림 1-8 삼성 스마트홈 구성 개념도

출처 : 삼성 뉴스레터(2018)

3) 블록체인(Block Chain)

관리 대상 데이터를 '블록(Block)'이라고 하는 소규모 데이터들을 P2P(Peer to Peer, 개인 간 접속) 방식을 기반으로 하여 만들어졌다. 생성된 체인(Chain) 형태의 연결고리 기반의 분산 데이터 저장환경에 저장되어, 임의로 관련 데이터를 수정할 수 없다.

또한 누구나 해당 데이터의 변경 결과를 열람할 수 있도록 한 분산 컴퓨팅 기술 기반의 데이터 위변조 방지 기술이다. 블록은 발견된 날짜와 이전 블록에 대한 연결고리를 가지고 있으며 이러한 집합을 '블록체인'이라 한다(최성, 2021). 블록체인 기술이 쓰인 유명한 사례는 가상화폐인 '비트코인(Bitcoin)'이다. 비트코인은 2008년 10월 사토시 나카모토라는 프로그래머가 만든 블록체인 기술을 기반으로 한 온라인 암호화폐이다. 중앙은행이 없이 전 세계를 대상으로 P2P 방식의 사용자들 간에 자유롭게 송금 등의 금융거래를 할 수 있게 설계되었다.

2009년 비트코인의 소스 코드가 공개되면서 이더리움, 이더리움 클래식, 리플, 라이트코인, 에이코인, 대시, 모네로, 제트캐시, 퀀텀 등 다양한 코인들이 생겨났는데, 비트코인은 이런 여러 코인들 사이의 기축통화의 역할을 하고 있다. 그러나 2021년 이후 한국을 대표하는 코인인 테라의 파산 등을 통해 국가적, 사회적으로 많은 문제점 등이 노출되고 있다.

▼ 그림 1-9 블록체인 개념도

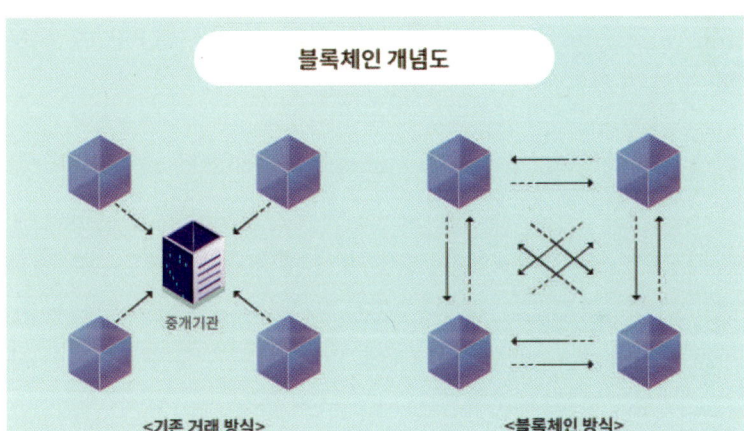

출처 : ETRI(2019)

4) 디지털 플랫폼(Digital Platform)

기술 발전으로 공유경제(Sharing Economy) 및 온디맨드(주문형) 경제가 실현되었다. 이러한 디지털 플랫폼은 개인과 기업 간의 장벽을 낮추어 부의 창출을 촉진하여 전문 분야까지 폭넓은 환경을 변화시켰다. 이를 대표하는 기업으로는 우버(Uber)와 에이비앤비를 들 수 있다.

우버는 승객과 차량은 물론 헬리콥터까지 직접 연결해주는 모바일 서비스로 과학기술 플랫폼의 파괴적인 힘을 보여주는 완벽한 모델이다. 자신의 주거지 일부를 빌려주는 숙박 공유 서비스인 에이비앤비와 함께 공유경제, 온디맨드 경제의 대표적인 기업들로 보고 있다. 이러한 플랫폼 비즈니스는 세탁, 쇼핑, 주차 등 다양한 영역에서 새로운 서비스를 제공하며 급속도로 성장하고 있다.

이러한 사업들은 저렴한 수준의 공급과 수요가 이루어지고, 소비자에게 다양한 서비스를 제공하며 피드백을 통해 신뢰를 주는 것이다. 그동안 자신을 단 한 차례도 공급자로 생각해 본 적이 없던 사람들이 자동차의 빈자리, 집에 남은 방, 배달이나 집수리 등 시간과 기술을 통해 자신의 가치를 효율적으로 이용하게 하였다.

미디어 전략가인 톰 굿윈(Tom Goodwin)은 2015년 3월 아래와 같은 글을 기고하였다. 세계에서 가장 큰 택시 기업인 우버는 소유하고 있는 자동차가 없고, 세계에서 가장 많이 활용되는 SNS인 페이스북은 콘텐츠를 생산하지 않는다. 세계에서 가장 가치 있는 소매업체인 알리바바는 물품 목록이 없고, 세계에서 가장 큰 숙박 제공업체인 에어비앤비는 소유한 부동산이 없다(클라우스 슈밥, 2016).

디지털 플랫폼은 개인이나 기업의 자산을 효율적으로 활용하여 서비스를 거래할 때 발생하는 거래비용을 대폭 절감시켰다. 오히려 거래 시 발생하는 미세한 비용까지 나눌 수 있게 되어 참여하는 모든 사람이 만족한 결과를 얻을 수 있는 경제적 이익이 증가하였다. 또한 서비스나 상품 등을 생산할 때 발생하는 한계비용이 제로에 가깝게 되었다.

2. 물리학기술

1) 로봇공학

'로봇'이란 용어는 체코슬로바키아의 극작가 카렐 차페크(Carel Čapek)가 1920년에 발표한 희곡에 쓴 것이 퍼져 일반적으로 사용되게 되었다. 또한 로봇의 어원은 체코어로 "노동", "노예", "힘들고 단조로운 일"을 의미하는 robota이다.

로봇(robot)은 인간과 유사한 모습과 기능을 갖고 어떠한 작업이나 조작을 자동으로 수행하는 기계장치다. 인간과 유사한 모습과 기능을 가진 기계 또는 한 개의 프로그램으로 작동하고(programmable), 자동으로 복잡한 일련의 작업(complex series of actions)을 수행하는 기계적 장치를 말한다.

또한 제조공장에서 조립, 용접, 핸들링(handling) 등을 수행하는 자동화된 로봇을 '산업용 로봇'이라 하고, 환경을 인식해 스스로 판단하는 기능을 가진 로봇을 '지능형 로봇'이라 부른다. 사람과 닮은 모습을 한 로봇을 '안드로이드'라 부르기도 한다. 다른 뜻은 형태가 있으며, 자신이 생각할 수 있는 능력을 갖춘 기계이다.

로봇은 자동차 생산 등 특정한 분야의 업무 수행을 하였다. 그러나 최근에는 가정에서 군사 및 탐사까지 광범위한 분야까지 업무 영역을 확대하고 있다. 그동안 인간이 해 오던 많은 일들을 지금은 로봇이 대신하고 있다.

산업현장 및 의료용으로 주로 힘이나 정밀도를 요구하는 작업이 많은데, 이와 같은 작업은 특히 로봇에게 맡기기에 적합하다. 조립 공장에서 리벳 박는 일, 용접, 자동차 차체를 칠하는 일 등은 그 좋은 예이다. 이런 종류의 작업은 로봇 쪽이 인간보다 더 잘 해낼 수 있다. 왜냐하면 로봇은 언제나 일정한 수준의 정밀도와 정확도로 작업을 계속

할 수 있으며, 결코 지칠 줄 모르기 때문이다. 따라서 제품의 품질은 항상 일정하며 게다가 휴식을 취할 필요가 없기 때문에 많은 양의 제품을 만들 수 있다.

또한 로봇은 군사 및 탐사용으로 위험한 작업을 대신할 수가 있다. 방호복을 입지 않고 원자력 공장에서 방사성 물질을 취급하거나, 유독 화학 물질을 취급할 수가 있으며, 인간에게는 너무 덥거나 추운 환경에서도 일할 수가 있다. 인간의 생명이 위험에 노출될 수 있는 곳에서도 로봇을 사용할 수 있다. 예를 들면 폭발물을 수색하거나 폭탄의 뇌관을 제거하는 일, 그리고 우주 공간에서의 작업도 그중의 하나이다. 로봇은 우주 공간에서의 작업에 특히 이상적이다. 지구를 돌고 있는 인공위성을 수리하거나 유지하는 데 사용되기도 하고, 보이저호와 같이 탐사와 발견을 목적으로 먼 우주까지 비행하는데도 로봇이 사용된다.

한편 가정에서도 주로 인내심을 요하는 작업 담당을 위해 많은 로봇이 가사를 돕기 위해 사용되고 있다. 그리고 육체적인 장애가 있는 사람들을 돌보는 일에도 많이 이용될 것으로 기대된다. 로봇 간호보조자는 장애인이나 노령으로 인해 체력이 약해진 사람들이 가족들에게서 독립하여 혼자서도 살 수 있도록 해주며, 병원에 입원하지 않아도 될 수 있도록 도와주게 될 것이다.

표 1-3 로봇이 사용되는 분야의 예

구 분	담당 업무	사용되는 분야
산업 및 의료용	주로 힘이나 정밀도를 요하는 작업	• 자동차 조립 • 전자제품 조립 • 자동 운반 로봇 • 수술 보조 로봇 • 바다 탐사 로봇 • 배달 로봇
군사 및 탐사용	주로 위험한 환경에서의 작업	• 우주탐사선 • 무인 정찰기 • 폭발물 제거 로봇 • 해저탐사선
가정용	주로 인내심을 요하는 작업	• 로봇 청소기 • 애완용 로봇 • 간병 로봇 • 세탁 로봇

출처: 위키백과(2023)

2) 자율주행차(Autonomous Vehicle)

자율주행이란 교통수단이 운전자나 승객의 그 어떤 개입이나 조작 없이 스스로 인식하고 주행 상황을 판단해 운행이 가능한 기능이다. 운전자의 아무런 조작 없이 스스로 제어함으로써 목적지까지 주행하는 자동차 시스템을 말한다. 따라서 자율주행차란 운전자나 승객의 조작 없이 스스로 운행이 가능한 자동차라고 정의한다.

자율주행차의 개념은 1960년대에 벤츠를 중심으로 제안이 되었다. 1970년대 중후반 이후에는 초보적인 연구가 시작되어 초기 개발 시 운행에 장애 요소 없이, 시험주행장에서 중앙선이나 차선을 넘지 않는 수준이었다. 1990년대에는 컴퓨터 판단 기술 발전과 장애물 감지 및 환경 조건을 고려할 수 있는 자동차 자율주행 관련 연구가 본격적으로 시작되었다.

(1) 자율주행 기준 및 단계

자율주행차의 기준은 미국자동차공학회(SAE) 기준과 미국도로교통안전국(NHTSA) 기준이 있으며, 미국도로교통안전국 기준을 살펴보면, 레벨 0에서 레벨 5까지 6단계로 나눌 수 있다. 레벨 0~레벨 2까지는 주체는 운전자이며 1~2개의 자동주행 기능을 활용하며, 레벨 3~레벨 5까지는 주체는 시스템으로 레벨5는 운전자가 불필요한 무인택시의 개념으로 발전한다.

▼ 그림 1-10 미국의 자율주행 기준

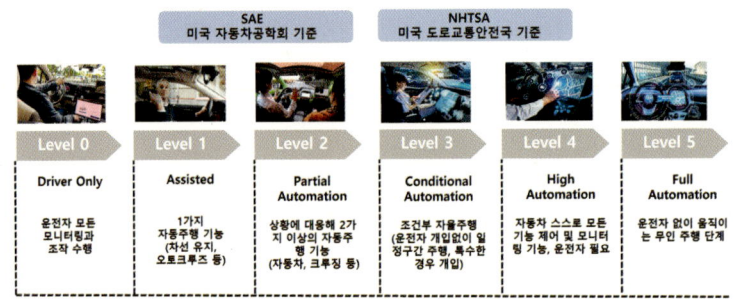

출처 : 한국기술교육대학원(2022), 재구성.

(2) 주요 업체별 자율주행 개발 동향

주요 업체별 자율주행 개발 동향을 살펴보면 현재 레벨 3~4단계가 대세이며 레벨5 단계 자율주행 구현은 정부 정책과 맞물려 있어 상당한 시간이 소요될 것으로 예상된다.

▼ 그림 1-11 자율주행 개발 동향

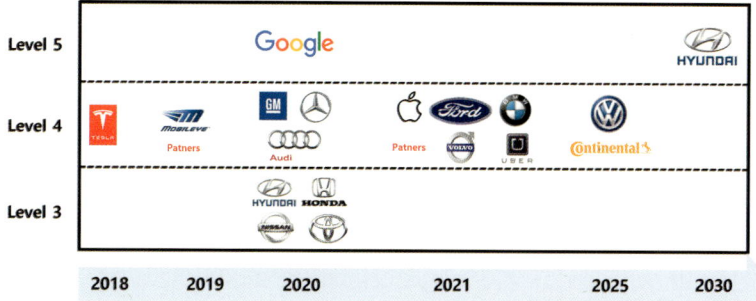

출처 : 한국기술교육대학원(2022), 재구성.

3) 3D 프린팅

3D 프린팅(3D Printing)은 프린터로 물체를 뽑아내는 기술을 말한다. 종이에 글자를 인쇄하는 기존 프린터와 비슷한 방식으로, 다만 입체 모형을 만드는 기술이라고 하여 3D 프린팅이라고 부른다. 보통 프린터는 잉크를 사용하지만, 3D프린터는 플라스틱을 비롯한 경화성 소재를 쓴다. 기존 프린터가 문서나 그림파일 등 2차원 자료를 인쇄하지만, 3D프린터는 3차원 모델링 파일을 출력 소스로 활용한다는 점도 중요한 차이점이다. 적게는 한두 시간에서 길게는 십여 시간이면 3D 프린터에 입력한 모형을 완성할 수 있다.

제4차 산업혁명, 제조업의 혁신 혹은 생산을 이끌 기술, 3D 프린팅 기술은 지금 산업현장 최첨단에서 가장 주목받는 기술이다. 소프트웨어와 인터넷 발전이 이끈 지난 30여 년의 정보통신기술 역사에서 3D 프린팅 기술은 가장 단단한(하드웨어) 혁명으로 기록될 것이다. 플라스틱 소재에 국한하던 초기 단계에서 나일론, 금속 소재로 범위가 확장되었고 여러 단계에서 상용화 단계로 진입하였다. 의료계에서는 환자에 맞춤형 인공관절이나 인공장기를 만드는 정밀도를 요구하는 분야까지 활용하고 있다(오원석, 2016).

3. 생물학기술

1) 유전학

유전학(genetics)은 생물의 유전과 유전자 다양성 등을 연구하는 생물학의 한 분야이다. 선사 시대부터 인간은 생물의 특징이 부모로부터 자식에게 유전되는 것을 이용한 품종 개량을 해왔다. 그러나 최초로 과학적인 방법으로 유전을 연구한 것은 그레고어 멘델이 유전법칙을 발견한 19세기 중반부터이다. 오늘날 유전자라 부르는 물질을 유전대립 쌍이라 불렀다.

현대 유전학의 핵심 개념은 유전자이다. 유전자는 전체 게놈 서열 가운데 DNA의 일정 구간을 이루는 염기서열의 배열이다. DNA는 뉴클레오타이드들이 이중 나선의 형태로 결합되어 있는 것으로 DNA 복제를 통하여 유전형질을 다음 세대로 전달한다. 또한 세포에서 DNA의 역할은 단백질을 형성하여 생물이 생장하고 활동할 수 있도록 하는 것이다. DNA에서 전사된 전령 RNA의 코돈은 각각 하나의 아미노산과 대응하며, 이렇게 전사된 RNA에 의해 결합된 아미노산에 의해 단백질이 형성된다.

개괄하면, 현대의 유전학은 생물의 발생과 생장, 그리고 진화에서 차지하는 유전자의 역할을 규명하고 DNA의 재조합 실험을 통해 유전체와 생물 정보를 탐구하는 폭넓은 영역의 과학이다. 유전학은 매우 넓은 연구 분야를 이루고 있기 때문에 집단유전학, 유전체학, 진화유전학 등의 하위 학문으로 세분화되어 있다. 또한 유전학의 지식은 여러 학문에 파급되어 의학, 농업 등에서 유전학은 필수적인 기반 지식이 되었다. 유전학 지식을 바탕으로 하는 유전공학은 유전자의 조작을 통한 약품의 개발과 품종 개량 등의 연구를 진행하고 있다.

2) 합성생물학

합성생물학(Synthetic Biology)은 생명과학(Life Science)적 이해의 바탕에 공학적 관점을 도입한 학문으로 자연 세계에 존재하지 않는 생물 구성요소와 시스템을 설계·제작하거나 자연 세계에 존재하는 생물 시스템을 재설계·제작하는 두 가지 분야를 포괄한다. 즉, 합성의 의미는 ① 합성세포 또는 새로운 바이오 시스템을 제작하기 위한 유전자(Gene) 합성과 ② 세포로부터 고성능의 생물학적 물질을 고효율로 합성하는 것을 모두 포함한다. 이를 위해 여러 공학기술에서 적용하는 부품화, 표준화, 모듈화라는 공학적 개념을 생물학에 도입한 것이 합성생물학이다.

유사 분야로 유전공학(Genetic Engineering), 시스템 생물학(System Biology), 생물정보학(Bioinformatics) 등이 있다. 유전자의 표준화는 다량의 유전자를 사용하는 합성생물학에서 필수과정이다. 유전자의 표준화란 특정 유전체의 특정 종으로 이식가능성과 이식했을 때의 성능을 미리 검증하여 정보체계를 구축하는 것으로 다른 종에서 유래한 유전자를 이식하기 위해 매번 시험할 필요가 없어 시간과 비용을 상당히 단축한다.

합성생물학과 비슷한 분야로 생명공학(Biomatics)이 있는데, 생명공학은 생명현상을 정보처리 현상으로 이해하고 그 모든 기초 원칙을 수학적으로 설명할 수 있다고 가정한다. 그에 비해 합성생물학은 화학과 생명과학의 응용 분야로 그 원칙의 이해를 우선으로 한다. 또한 합성생물학은 유전자를 조작하여 인간에게 이로운 산물을 얻어내는 대사공학(Metabolic Engineering) 그리고 유전공학(Genetic Engineering)과도 유사하다.

그러나 합성생물학은 공학적 접근을 통해 생물 시스템을 분석하고 설계하기 때문에 기존의 DNA, 세포, 개체 등을 수정 및 변경하는 유전공학과는 조금 차이가 있다.

SECTION 4

4차 산업혁명에 따른 미래사회의 변화

1. 스마트 생태계 변화

스마트 생태계의 변화는 홈, 워크, 시티 등의 변화로 나눌 수 있다. 먼저 스마트홈(smart home)은 가정에서 각종 기기가 무선망으로 연결되어 소비자에게 원하는 서비스를 제공하는 것이다. 최근 정보통신기술(ICT)인 인공지능과 사물인터넷을 이용하여 편리한 생활을 누리는 새로운 주거 형태이다.

주택 밖에서 집 내부 가전기기 등과 소통을 통해 냉난방 제어, 가스 원격 제어, 조명 등을 제어할 수 있다. 기존 홈 네트워크와의 차이는 기존 서버와 함께 클라우드 센터 서버를 사용하는 것으로 집주인에게 현재 상황을 설명해 주고, 집안의 전자 기기를 무선으로 작동하는 역할을 시행한다.

스마트 워크(smart work)란 회사 업무를 편하게 처리하기 위해 시공간을 벗어난 네트워크 환경을 활용하는 가상의 근무환경을 말한다. 우리 사회의 직장 내 고령화, 저출산, 경력단절 등의 문제를 해결할 수 있고, 최근, 대다수 기업이나 공공기관 등은 코로나19 확산에 따른 스마트 워크 도입이 급증하였다.

스마트 씨티(smart city)란 도시 내 정보를 수집하여 자산과 리소스 등 환경을 효율적으로 관리하는 도시를 말한다. 기반 시설이 인간의 신경망처럼 도시 내 긴밀하게 연결되어 작동하는 도시를 말한다. 스마트 씨티의 주요 목적은 스마트 주차, 스마트 교통, 스마트 에너지, 스마트 헬스케어 등을 보유하고 유지되는 도시를 지칭한다. 우리나라는 2003년부터 시행되고 있으며 인프라 구축망이 조성된 지역은 동탄, 김포 등 전국적으로 70여 곳에 이른다.

이 밖에도 농업, 임업, 축산업, 수산업 등의 분야에서 정보통신기술을 이용하는 스마트 팜(smart farm), 공장자동화 부문에서 생산성 향상과 품질 향상을 위한 지능형 공장인 스마트 팩토리(smart factory) 등을 포함한다(윤경배 외, 2021).

2. 사회와 경제의 변화

4차 산업혁명은 기업에서의 생산과 가정에서의 소비를 더욱 스마트한 모습으로 변화시키고 있다. 즉, 소비와 생산이 각가지 기술로 연결되어 융합환경을 만들어 내었다. 소비자 간, 산업 간, 소비자와 산업 간 초연결 사회가 실현되면서 향후 더욱 풍요로운 삶을 살게 되었다.

이미 많은 영역에서 4차 산업혁명이 성과를 내기 시작하였고, 기업들은 데이터를 자동으로 손쉽게 수집하는 방법을 확산시켰다. 이를 통해 빅데이터를 생성하였다. 또한 인공지능을 통해 새로운 가치와 정보를 제공하며 보다 스마트한 사회를 구현하였다.

이렇게 빅데이터, 인공지능, IoT, 클라우드 등을 통한 초연결 플랫폼이 형성되고 생산과 소비분야의 혁명이 일어나게 되었다. 생산과 소비의 혁명 관련하여 피터 마시(Peter marsh)인 파이낸셜타임스(Financial

Times)의 전 편집장은 다음과 같이 주장하였다(과학기술정보통신부 미래준비위원회, 2017).

첫째, 2040년까지 새로운 산업혁명이 지속될 것이며, 21세기가 끝나는 때까지 산업혁명의 영향이 다양한 영역에 미칠 것이다.

둘째, 기업은 대량생산에서 벗어나 특정 고객의 니즈를 충족시킬 수 있는 대량 맞춤화를 실현시켜 개개인에게 맞춤형 생산이 가능할 것이다.

셋째, 상품의 생산에 있어 글로벌 공급망이 구축됨에 따라 국가마다 특정 비즈니스 기회가 만들어질 것이다.

넷째, 이제 고객은 지구상 모든 사람이며 그 가운데 니치마켓이 생성될 것이다. 이에 따라 해당 시장에 전문성을 가진 기업들이 나타날 것이다.

다섯째, 앞으로 기업은 지속가능경영(sustainability)을 통해 환경을 우선 고려하며, 리사이클 제도가 자리 잡을 것이다.

이러한 현상은 우리 경제에 큰 영향을 주기 시작하였고, 기업과 고객 모두에게 기회가 되기도 하고 위기로 다가오기도 할 것이다.

3. 노동 및 산업구조 변화

4차 산업혁명 시대에는 인공지능, 로봇 등의 영향으로 노동시장에도 큰 변화가 전망되고 있다. 2016년 세계경제포럼(다보스포럼)은 "일자리의 미래(The Future of Jobs) 보고서에서 4차 산업혁명으로 인해 2020년대까지 전 세계적으로 총 716만여 개의 일자리가 사라지고, 202만여 개의 새로운 일자리가 창출되어 결과적으로 약 510만 개의 일자리가 소멸할 것으로 예측하였다.

4차 산업혁명의 기술들이 활성화됨에 따라, 이에 적응하는 근로자와 잘 적응하지 못하는 근로자 사이의 승자와 패자가 발생할 것으로 예상하였다. 초등학교 입학생의 65%는 현존하지 않는 직업에 종사할 것으로 예상하였고, 줄어드는 일자리는 주로 사무와 행정(Office and Administrative), 제조 및 생산(Manufacturing and production)일 것으로 예측하였다(클라우스 슈밥, 2016).

미래 전망보고서인 맥킨지는 로봇자동화로 인한 생산성의 증가가 앞으로 점차 증가할 것이다. 특히 표준화로 인하여 제조업 등에서 생산성이 크게 증가할 것이다. 자동화로 인한 생산성의 증가는 반대로 노동력의 상실을 이야기하기도 한다. 앞으로 우리는 20년 후, 20억 개의 일자리가 자연스럽게 소멸하는 모습을 보게 될 것이다(Mackinsey, 2017).

대한민국의 현재는 '풍요 속 불안'이다. 국민소득 3만 달러, 경제 규모 세계 10위권, 세계 최고의 기대수명 등 제법 윤기 나는 수사와 수치를 삶에서 느끼지 못한다. 국민의 절반이 자신을 중산층 이하로 여기는 가운데 미래에 대한 불안감은 어느 때보다 크다. 국민 다수가 '더 나빠질 것'이라는 마음으로 산다.

불안감의 뿌리는 '일자리'이다. 그것은 현재의 일자리에 그치지 않는다. 미래의 일자리에 대한 고민이 더해지면서 불안감은 심화되고 가중된다. '한강의 기적'이라 불린 1980~80년대 시기와 비교할 때, 일자리 문제에서 기인한 지금의 불안감은 심각한 수준이다. 젊은이들 사이에서 부모보다 가난한 세대가 등장할 수 있다는 비관적 생각과 정서가 팽배하다.

국민의 눈높이도 달라졌다. 일자리 불안감은 극대화된 반면, 공무원·워라밸·정규직 등으로 표현되는 이른바 '좋은 일자리'에 대한 기준은 어느 때보다 높다. 깊은 불안감 위에 높은 눈높이가 더해지면서 기존의 단순한 양적 수단은 더 이상 일자리 문제의 해결책이 될 수 없다.

4차 산업혁명으로 인한 일자리 변화는 문제를 증폭시킨다. 혁신과 변화를 이끄는 부문에서는 혁신역량과 창의성을 지닌 인재가 부족하다는 목소리가 끊이지 않는다. 또한 특정 기업에 고용된 노동 형태를 벗어나 다양한 수요자로부터 일거리를 받아 수행하는 1인 기업가, 프리랜서가 늘어난다. 수요자와 공급자를 즉시 연결해주는 플랫폼을 통해 일하는 플랫폼 노동자들은 '좋은 일자리'로 개선해 달라고 목소리를 높인다.

4차 산업혁명 시대 인공지능은 저숙련자 혹은 고숙련자보다 현재 대졸자들에 해당하는 중숙련자들의 일자리를 더욱 변화시킬 것으로 전망된다. 변화는 빠르고 예측이 어려운 형태로, 그리고 법과 제도를 비롯한 사회적 준비가 채 되기 전에 이미 진행 중이다(정부 4차 산업혁명위원회, 2021).

1장 참고문헌

1. 클라우스 슈밥(Klaus Schwab). (2016). 클라우스 슈밥의 제4차 산업혁명. 송경진 옮김. 메가스터디(주).
2. 김미혜·길준민외. (2019). 4차 산업혁명 기반 기술의 이해. 연두에디션.
3. 김정섭·이호상·양인창. (2021). 4차 산업혁명과 정보통신 이해. 한빛아카데미.
4. 노동조, 손태익, (2016). 사물인터넷(IoT)기반의 대학도서관 서비스에 관한 연구 : S대학교 도서관의 사례를 중심으로, 한국비블리아학회지, 27(4), 301−320
5. 오영환·윤명수·최성운. (2019). 4차 산업혁명의 이해. MJ미디어.
6. 오원석. (2016). 3D프린팅. 커뮤니케이션북스.
7. 유용환. (2017). 사람을 위한 대한민국 4차 산업혁명을 생각하다. 비즈니스 맵.
8. 윤경배·조휘영외. (2020). 4차 산업혁명의 이해. 일진사.
9. 이호성·경갑수·황재민. (2020). 4차 산업혁명 에센스. 행복에너지
10. 장성철. (2019). 4차 산업혁명의 패러다임. 모아북스.
11. 장혜원기자. (2022.01.18). 아주경제 세계경제포럼, 다보스 어젠다서 코로나·4차 산업혁명·기후 위기 등 논의 입력
12. 정웅석·김한균외. (2020). 4차 산업혁명의 이해. 박영사.
13. 최성. (2021). 4차 산업혁명의 핵심 인공지능. 광문각.
14. 최재용·김민서외. (2019). 미래변화의 물결 4차 산업혁명. 미디어북
15. 하원균·최남희. (2015). 제4차 산업혁명. 콘텐츠하다.
16. 한국기술교육대학원. (2022). 인공지능 기술 및 서비스 이해
17. Mackinsey(2017). A future that Works : Automation, Employment and Productivity.

18. Rifkin, J.(2011). The Third Industrial Revolution. 안진환 옮김 (2012). 『3차 산업혁명』. 민음사.
19. Schwab, K.(2016). The Fourth Industrial Revolution : what it means, how to respond. World Economic Forum.
20. World Economic Forum(2015). Deep Shift : Technology Tipping Points and Societal Impact.
21. https://ko.wikipedia.org/w/index.php?title=%EB%A1%9C%EB%B4%87&action=edit&section=8

제2장

인공지능(AI) 발전 및 챗GPT 출현

제1절 인공지능(AI) 개념
제2절 인공지능(AI) 발전
제3절 챗 GPT 출현(2022~)

SECTION

1 인공지능(AI) 개념

1. 인류의 등장과 인간 지능

인류의 역사는 400~500만 년 전 등장으로 시작하여 오랜 세월을 거쳐 여러 차례의 진화를 한다. 인간 진화의 중요한 특징은 뇌 용량의 변화로 초기 400~700cc에서 현대인은 1,500cc로 초기 인류와 비교하면 약 4배에 달한다.

400만 년 전 직립 보행, 도구를 제작하며 뇌 용량은 400~700cc이였으나 170만 년 전 구석기시대 불과 언어를 사용하며 뇌용량은 800~1,000cc으로 증가하였다. 1만 년 전 중·신석기시대 동굴벽화를 제작하는 등 뇌 용량도 1,500cc으로 증가한다.

▼ 그림 2-1 인류의 진화 및 뇌 용량 변화

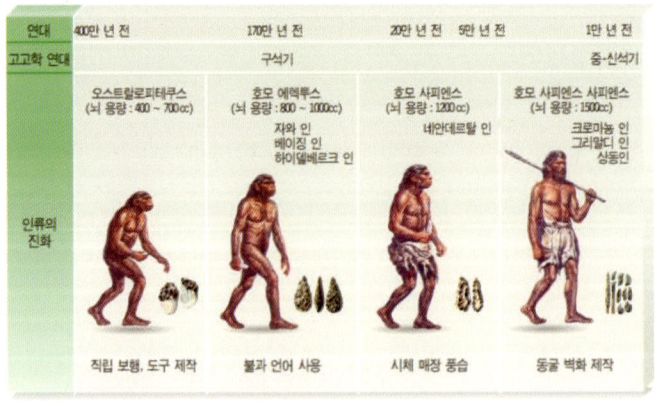

출처 : 한민족역사정책연구소(2019), 재구성.

이렇게 인류의 '**지능**'은 뇌 용량의 증가와 더불어 높아졌고, 인간의 지능은 역사적으로 불을 사용하고 먹이를 구하고 동굴벽화를 제작하는 등 사람과 관계를 맺는 등 '**어떤 문제 상황을 해결하는 능력**'이라 할 수 있다(한선관 외, 2021).

2. 인공지능의 개념

우리는 인간처럼 생각하고 행동하는 기계를 만들려고 오랫동안 노력하고 연구했다. 이러한 기계를 인공지능이라 명명하였다. **인공지능(AI : Artificial Intelligence)**은 학자에 따라 다르게 정의되고 있고 명확하게 정의하기는 쉽지 않지만 여러 정의를 통해 공통점을 살펴볼 수 있다.

먼저 국내외의 학자들과 사전적 의미를 살펴보면 인공지능(AI)은 일반적으로 인간의 학습능력, 추론능력, 지각능력이 필요한 작업을 할 수 있도록 컴퓨터 시스템을 구현하려는 컴퓨터과학의 세부 분야 중 하나이다. 인간을 포함한 동물이 갖고 있는 지능 즉, natural intelligence와는 다른 개념이다. 지능을 갖고 있는 기능을 갖춘 컴퓨터 시스템이며, 인간의 지능을 기계 등에 인공적으로 시연(구현)한 것이다. 일반적으로 범용 컴퓨터에 적용한다고 가정한다. 이 용어는 또한 그와 같은 지능을 만들 수 있는 방법론이나 실현 가능성 등을 연구하는 과학 기술 분야를 의미한다(최성, 2022. 나무위키, 2022).

또한, 인공지능이란 '컴퓨터를 사용하여 인간의 지능을 모델링하는 기술'을 말한다. 보다 구체적으로 표현하면, 인간의 지능으로 수행할 수 있는 다양한 인식, 사고 학습 활동 등을 컴퓨터가 할 수 있도록 하는 방법을 연구하는 분야이다(김대수, 2019). 인공지능을 쉽게 이야기하면 '인간의 지능을 모방해 기계에 구현한 기술 또는 연구'라 할 수 있다'라는 정의 등이 있다(한선관 외, 2021). 인공지능이란 '인간의 인지적인 기능을 흉내 내어서 문제를 해결하기 위해 학습하고 이해하는 컴퓨터'가 될 것이다(천인구, 2020).

인공지능을 정의할 때, Russel과 Norving은 다음과 같이 4가지 측면을 고려하여 분류하고 정의하였다.

표 2-1 Stuart Russell의 인공지능 개념

	← 강한 인공지능	약한 인공지능 →
생각	인간과 같은 사고 (Thinking Humanly)	논리적 사고 (Thinking Rationally)
	• 인간과 유사한 사고 및 의사결정을 내릴 수 있는 시스템 • 인지 모델링 접근 방식	• 계산 모델을 통해 지각, 추론, 행동 같은 정신적 능력을 갖춘 시스템 • 사고의 법칙 접근 방식
행동	인간과 같은 행동 (Acting Humanly)	논리적 행동 (Acting Rationally)
	• 인간의 지능을 필요로 하는 어떤 행동을 기계가 따라 할 수 있는 시스템 • 튜링 테스트 접근 방식	• 계산 모델을 통해 지능적 행동을 하는 에이전트 시스템 • 합리적인 에이전트 접근 방식

출처 : Stuart Russell, Peter Norving(2021.5), Artificial Intelligence : A Modern Approach, International Edition.

강한 인공지능으로 분류되는 인간과 같은 사고와 행동으로 컴퓨터를 인간처럼 사고 및 의사결정을 내릴 수 있는 시스템과 인간의 지능을 필요로 하는 어떤 행동을 기계가 할 수 있는 컴퓨터를 구현하는 것이 인공지능이라고 주장한다. 이에 비해 약한 인공지능으로 계산 모델을 통해 지각, 추론, 행동을 구현하는 것이 목표이고 인공지능은 지능적인 에이전트들의 설계에 대한 연구라고 정의한다.

인공지능을 정의하는 것은 단순하지 않다. 인간은 지능적인 행동을 많이 하지만 어리석은 실수도 많이 한다. 비이성적인 생각과 행동도 자주 한다. 인간처럼 비정형성과 무논리를 모방할 수 있을까를 생각하면 인공지능은 자체가 모순일 수 있다.

표 2-2 인공지능의 다양한 정의

구분	연도	개념
존 매카시	1965	지능적인 기계를 만드는 과학 및 엔지니어링
마쓰오 유타카	2015	인간의 인지·추론·학습 능력 등을 기계(컴퓨터)로 모방하는 기술
ETRI	2017	기계(컴퓨터)가 인간 수준의 인지·이해·추론·학습 등의 사고 능력을 모방하는 기술
Gartner	2018	사람과 자연스러운 대화를 나누고, 인간의 인지 능력을 향상하거나, 반복적인 작업 수행 시 사람들을 대체함으로써 인간을 모방하는 기술
과학기술정보통신부	2018	인지, 학습 등 인간의 지적 능력(지능)의 일부 또는 전체를 컴퓨터를 이용해 구현하는 지능

출처 : 남상엽 외 (2020).

또한, 사전적 의미를 살펴보면, 인공지능은 기계로부터 만들어진 지능을 말한다. 컴퓨터 공학에서 이상적인 지능을 갖춘 존재, 혹은 시스템에 의해 만들어진 지능, 즉 인공적인 지능을 뜻한다. 일반적으로 범용 컴퓨터에 적용한다고 가정한다(위키백과, 인공지능). 그리고 '인공지능이란 인간의 학습능력과 추론능력, 지각능력, 자연언어의 이해능력 등을 컴퓨터 프로그램으로 실현한 기술이다'라고 정의하기도 한다(네이버 지식백과, 인공지능).

국내외 학자들의 정의와 사전적 정의에 공통점을 살펴보고 인공지능이란 **"문제를 해결하기 위해 인간의 사고와 행동을 흉내 내어서 학습·추론·이해하는 컴퓨터"**로 정의하고자 한다. 인공지능은 말 그대로 '인공적으로 만들어진 지능'으로 컴퓨터가 인간의 지능을 모방하는 것으로 사람처럼 생각하고 행동하는 것을 말하는 것이다. 인간의 지능은 문제를 해결하고 학습하고 인식하고 추론한다. 따라서 인공지능 또한 문제 해결을 하고 학습하고 추론하고 인식을 하는 것이다.

인공지능은 빅데이터를 기반으로 그 지능을 높일 수 있다. 인간과는 그 지능적인 능력에 있어서는 경쟁이 되기도 한다. 2016년 알파고와 이세돌 9단의 대결 당시 4:1로 알파고가 승리하였다. 인공지능은 대량의 데이터를 저장할 수 있고 초고속으로 연산하고 뛰어난 성능을 자랑한다. 이러한 인공지능은 거의 모든 산업인 과학, 교육, 연구, 운송, 의료, 금융 등 많은 분야에서 사용되고 있다.

즉, 인공지능이란 이상적인 지능을 갖춘 존재이며 컴퓨터 시스템에 의해 만들어진 지능을 가진 시스템이며, 머신러닝(Machine Learning), 딥러닝(Deep Learning) 등을 포함한 광범위한 개념이다.

상세한 내용은 다음장에서 설명토록 한다.

▼ 그림 2-2 인공지능 vs 머신러닝(기계학습) vs 딥러닝

출처 : ㈜투비소프트(2018), 재구성.

SECTION

2 인공지능(AI) 발전

인공지능 발전의 역사를 살펴보기로 한다. 인공지능은 1940년대부터 수학, 공학, 철학 등 다양한 영역의 과학자들이 인공 두뇌의 가능성에 대해 연구를 시작하여, 1950년 영국 앨런 튜링(Alan Turing)의 '튜링 테스트'를 고안하였다. **튜닝테스트(Turing Test)는 인공지능 개념에 대한 최초의 제안이었고 인공지능의 서막을 열었다는** 평가를 받았다. 1956년에 마빈 민스키와 존 매카시 등 10명의 과학자가 모인 **다트머스 회의**에서 '인공지능(AI)'이라는 이름이 만들어졌으며, 넓은 의미의 **인공지능이 탄생**하였다.

인공지능이 처음 확립된 1950년대 이후 1970년 중반과 1980년 후반 2번의 암흑기의 시기였다. 첫 번째 암흑기의 시대인 1970년대에는 컴퓨터 처리 속도 등의 문제로 비판과 어려움에 직면하였다. 이러한 어려움의 근본적인 원인은 엄청난 낙관주의에 대한 실망감과 약속된 결과가 실현되지 않자 자금 지원이 사라졌다. 두 번째 암흑기는 1980년대 후반으로 1987년 인공지능 하드웨어 시장이 갑자기 붕괴되어 인공지능 산업 전체가 파괴되었다. 또한 성공적인 전문가 시스템도 유지 보수비용이 많이 들면서 회의론이 확산되었다.

이러한 암흑기에도 불구하고 증가하는 컴퓨터 성능 등 산업 전반에 성공적인 소식들이 전해지게 되었다. 1997년 IBM이 개발한 딥 블루(Deep Blue)는 세계 체스 챔피언과 대결에서 승리하였고, 2011년 왓슨(Watson)이 미국의 TV 퀴즈쇼(제퍼디)에서 세계 챔피언에게 승리하였다.

2012년 미국의 구글(Google)은 유튜브에 등록된 동영상들로부터 고양이 영상인식에 성공하였고, 2014년에는 페이스북(Facebook)도 딥러닝 기술을 적용하여 '딥페이스'라는 얼굴인식 알고리즘을 개발하였다. 2016년 국내에서 바둑 프로그램인 알파고(Google, 딥마인드)가 이세돌 9단과의 대결에서 4승 1패를 기록하였다. 이는 전 세계인의 관심 속에 벌어진 대결로 인공지능에 대한 폭발적인 관심을 일으킨 사건이었다.

21세기 들어와서 데이터의 축적, 컴퓨터 파워, 발전된 알고리즘(딥러닝)이 진화함에 따라 최근에 인간의 모든 지능을 기계에 부여하여 다양한 기술이 많은 문제에 성공적으로 적용되었다.

최근까지는 '약한 인공지능' 시대로 정해진 목적에 특화된 작업을 수행하는 자율주행차나 번역기 등이 그 예이다. 향후 예측을 살펴보면 2040년경까지 '강한 인공지능' 시대로 발전하여 인간 수준의 지능을 보유하여 전반적인 문제 해결이 가능하게 될 것이다. 2060년까지는 '초인공지능' 시대로 모든 분야에서 인간을 초월한 차세대 AI 기술로 발전할 것으로 예상된다.

▼ 그림 2-3 인공지능의 역사

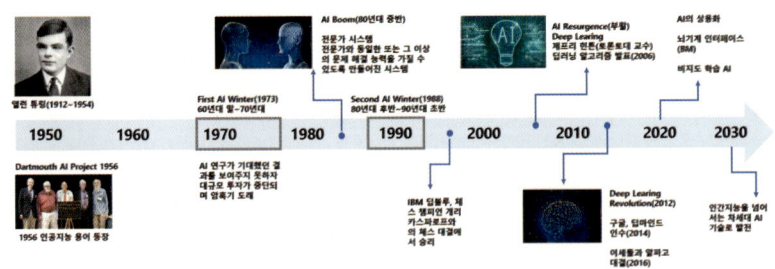

출처 : ETRI, ECO sight(2015), 재구성.

1. 인공지능의 태동(1943~1956)

1940년대부터 수학, 의학, 공학, 철학 등 다양한 영역의 과학자들이 인공두뇌의 가능성에 대해 연구를 시작하였다. 1940년대 초반 인간 두뇌에 대한 연구를 통해 신경망인 뉴런(Neuron)의 전기적인 네트워크에 대해 알게 되었다.

1943년에 워런 맥컬록(Warren McCulloch)과 월터 피츠(Walter Pitts)는 수학과 임계 논리(threshold logic)라 불리는 알고리즘을 바탕으로 신경망을 위한 모델을 만들었다. 이 모델은 신경망 연구의 두 가지 다른 접근법에 대한 초석이 되었다. 뇌의 신경학적 처리에 집중하고 인공 신경망의 활용에 집중하여 딥러닝의 기초가 되는 연구가 시작되었다.

1940년 후반에는 심리학자 도널드 헤비안(Donald Hebbian)는 헤비안 학습(Hebbian learning)이라 불리는 신경 가소성의 원리에 근거한 학습의 기본 가정을 만들었다. 헤비안 학습은 전형적인 자율학습으로 이것의 변형들은 장기강화(long term potentiation)의 초기 모델이 되었다.

1950년 영국 수학자 앨런 튜링(Alan Mathison Turing)은 '계산 기계와 지능(Computing Machinery and Intelligence)'라는 논문을 발표한다. 이 논문에서 인간의 '생각'은 정의하기 어렵다는 것을 지적하고 그의 유명한 '튜링 테스트'를 고안하였다. 대화에서 기계가 인간인지 기계인지 구별할 수 없다면 기계가 '생각'하고 있다는 충분한 근거가 된다고 보았다. 튜링 테스트(Turing Test)는 인공지능 개념에 대한 최초의 제안이었고 인공지능의 서막을 열었다는 평가를 받는다.

▼ 그림 2-4 앨런 튜링

출처 : 위키백과, 한국정보통신기술협회(TTA), 재구성.

2. 인공지능의 요람기(1956~1974)

이 시기는 인공지능이 크게 융성하여 황금기를 맞이한 시기라 할 수 있다. 1956년에 마빈 민스키(Marvin Minsky)와 존 매카시(John Maccarthy) 등은 다트머스 학술회의를 조직하였다. 이 회의를 통해 "학습이나 지능의 모든 특성을 기계(컴퓨터)가 정밀하게 기술할 수 있고, 시뮬레이션할 수 있다"라고 주장하였다. 10명의 과학자가 모인 1956년 다트머스 회의에서 '인공지능(AI)'이라는 이름이 만들어졌으며, 넓은 의미의 인공지능이 탄생하였다.

▼ 그림 2-5 다트머스 회의

출처 : 위키백과 (http://en.wikipedia.org/wiki/Dartmouth_workshop)

그 후 미국의 MIT, 하버드, 카네기멜런 등의 대학을 중심으로 인공지능에 관한 연구가 시작되었다. 초기에는 컴퓨터를 통해 주로 간단한 게임이나 수학적 정리의 증명을 하도록 하는 실험적인 성격이 강했다.

1957년에는 미국의 프랑크 로젠블라트(Frank Rosenblatt)는 퍼셉트론이란 신경망 모델을 개발하였다. 퍼셉트론은 간단한 덧셈과 뺄셈을 하는 이층구조의 학습 컴퓨터망에 근거한 패턴 인식을 위한 알고리즘으로 각계의 엄청난 환호를 받았다. 이를 두고 어떤 과학자는 20년 이내에 사이버 인공지능 사회가 올 것으로 예측하기도 하였다.

▼ 그림 2-6 Mark 1으로 구현된 프랑크 로젠블라트의 'Perceptron'

출처 : 위키백과 (https://en.wikipedia.org/wiki/Perceptron)

1969년 마빈 민스키(Marvin Minsky)와 시모어 페퍼트(Seymour Papert)에 의해 기계학습 논문이 발표된 후 당시에 큰 인기를 끌던 로젠블라트의 퍼셉트론 모델의 결정적인 문제점을 밝혀내었으나, 신경망 연구는 한동안 침체되었다. 인공신경망의 문제점 발견되어 단층신경망은 조직이 조금만 복잡해지면 이를 처리하지 못하였다. 거대한 신경망에 의해 처리되는 긴 시간을 컴퓨터가 충분히 효과적으로 처리할 만큼 정교하지 않다는 것이다.

3. 인공지능의 첫 번째 암흑기(1974~1980)

1960년대에 많은 관심을 끌던 인공지능은 1970년대 비판과 어려움에 직면하였다. 이러한 어려움의 근본적인 원인은 엄청난 낙관주의에 대한 실망감과 약속된 결과가 실현되지 않자 자금 지원이 사라지는 결과를 불러왔다. 그럼에도 불구하고 인공지능 1세대 핵심 연구자들은 인공지능 개발에 대하여 낙관적인 견해를 밝혔다.

- 1958년 사이먼과 뉴웰은 "컴퓨터는 10년 이내에 세계의 체스 챔피언이 될 것이며 새로운 수학적 정의를 발견하고 증명할 것이다."라고 하였다.
- 1965년 사이먼은 "20년 안에 기계는 사람이 할 수 있는 모든일을 할 수 있을 것이다."라고 하였고
- 1970년 마빈 민스키는 "3년에서 8년 사이에 평범한 인간의 지능을 가진 기계를 갖게 될 것이다."라고 주장하였다.

그러나 이런 견해와는 달리 인공지능의 연구는 상당한 어려움에 봉착하였고 첫 번째 암흑기를 맞이하게 된다. 1970년대에는 극복할 수 없는 근본적인 한계에 봉착하였다.

- 첫째, 1970년도에는 유용한 결과를 내는데 충분한 컴퓨팅 파워가 없었다.
- 둘째, 인공지능 분야에서 개발된 많은 현실의 문제를 아주 간단하게 만든 문제인 '장난감' 솔루션이 실제의 유용한 시스템으로 확장되기는 어려웠다.
- 셋째, 컴퓨터 시각이나 자연어 처리와 같은 많은 인공지능 응용 프로그램은 전 세계에 대한 엄청난 양의 정보를 필요로 한다는 것인데, 이 방대한 정보를 어떻게 학습해야 하는지를 알지 못했다.

- 넷째, 존 맥카시와 같은 논리를 사용한 개발자는 논리 그 자체의 구조를 변경하지 않고는 일반적인 추론을 구현하기 어렵다는 것을 발견했다.

따라서 이 기간에는 인간 전문가를 대신할 수 있는 전문가 시스템 분야로 방향을 변경하여 연구가 진행되었다.

4. 인공지능 발전기(1980~1987)

인공지능의 혹독한 겨울이 지나고 연구자들에게 두 가지의 화두가 대두되었다 첫째, 전문가 시스템(Expert System)이 새롭게 등장하였고, 둘째, 신경망(Neural Network)의 부활이다.

1) 전문가 시스템의 등장

이전까지는 탐색 알고리즘과 추론 등을 이용하여 일반적인 문제를 해결할 수 있는 범용 문제 해결사를 만들려고 하였다. 이에 새롭게 등장한 시스템이 '전문가 시스템(Expert System)이다. 1980년대에 전 세계의 기업이 이를 채택하였고 인공지능 연구의 초점이 되었다. 전문가 시스템이란 전문가가 지닌 전문 지식과 경험, 노하우 등을 컴퓨터에 축적하여 전문가와 동일한 또는 그 이상의 문제 해결 능력을 갖출 수 있도록 만들어진 시스템이다.

▼ 그림 2-7 전문가 시스템(Expert System)

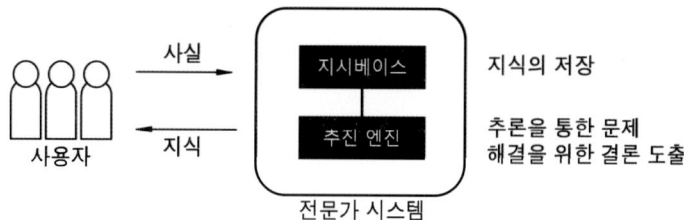

출처 : 네이버 지식백과, 재구성.

전문가의 지식을 컴퓨터에 축적하고, 다루어 나가려고 한다면 어떠한 방법으로 하면 좋은가 등을 연구하는 것을 지식 공학이라고 하며, 대화 등의 방법을 통하여 전문가의 지식을 컴퓨터에 체계적으로 수록하고 관리, 수정, 보완함으로써 그 시스템의 효율성을 향상시켜 나가는 사람을 지식 기술자(knowledge engineer)라고 한다. 그 지식을 축적해놓은 것을 지식 베이스(knowledge base)라고 하는데, 우리가 흔히 말하는 데이터베이스에 해당되는 개념이다.

전문가 시스템이란 먼저 대상이 되는 문제의 특성을 기술하고, 지식을 표현하는 기본 개념의 파악, 지식의 조직화를 위한 구조 결정 단계를 거쳐 구체화된 지식의 표현과 성능 평가하는 과정을 거쳐서 이루어진다. 이는 의료 진단, 설비의 고장 진단, 주식 투자 판단, 생산 일정 계획 수립, 자동차 고장 진단, 효과적 직무 배치, 자재 구매 일정, 경영 계획 분야 등을 비롯한 인간의 지적 능력을 필요로 하는 분야에 적용되고 있다.

이런 전문가 시스템은 말 그대로 인공지능의 붐을 일으켰다. 물론 현실은 컴퓨터가 많은 일을 처리하게 하려면 많은 경우의 수를 다 고려해야 했고, 고려되지 않은 경우의 수에 대해서 컴퓨터는 핵심을 추리지 못했다. 즉, 전문가 시스템은 시킨 일만 시킨 대로 하는 기계에 불과했고 단순 작업이 소용되는 제조업 등에서 많이 사용되었지만, 융통성을 요구하는 직업에서는 전혀 사용되지 못했다. 이렇게 80년대까지 유행하던 전문가 시스템은 90년대에는 아예 사람들 안중에 없게 되었다. 이때부터 인공지능의 겨울이 다시 시작되었다.

2) 신경망 이론의 복귀

1980년대 초반 두 명의 학자에 의해 신경망의 부활과 관심을 되살리는 데 성공하였다. 1982년 물리학자 존 홉필드(John Hopfield)는 새로운 방식으로 정보를 학습하고 처리할 수 있는 신경망(현재 'Hopfield')을 증명하였다. 또한 데이비드 러멜하트(David Rumelhart)는 1969년 민스키와 파퍼트에 의해 결정적인 문제점이 밝혀진 이후 사라진 '단층 퍼셉트론 모델'이 다층 퍼셉트론으로 진화하면서 다층 퍼셉트론에 사용되는 '역전파(backpropagation)' 알고리즘을 제안하였다.

이러한 결과로 신경망의 부활과 기대를 모으게 된다. 1990년대에 신경망은 패턴 인식으로 문자, 영상 등의 인식에 크게 기여하게 되어 상업적으로 성공하였다.

▼ 그림 2-8 다층 퍼셉트론과 역전파 알고리즘

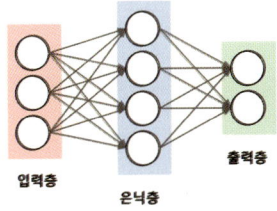 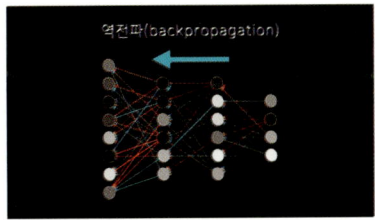

출처 : 김범수(2018), 김대수(2020), 재구성.

5. 인공지능의 두 번째 암흑기(1987~1993)

1987년부터 인공지능 연구는 두 번째 암흑기를 맞이하게 되었다. 1987년 인공지능 하드웨어 시장이 갑자기 붕괴되어 5억 달러 규모의 산업 전체가 파괴되었다. 이유는 IBM과 Apple의 데스크탑 컴퓨터의 성능이 비싼 인공지능 컴퓨터보다 더욱 강력하게 되었다. 또한 성공적인 전문가 시스템도 유지 보수 비용이 많이 들었다. 결론적으로 전문가 시스템은 유용하지만 몇 가지 특수한 상황에서만 유용한 것이 되었다. 또한, 기대를 모았던 다층 신경망의 제한적인 성능과 컴퓨터 속도의 저하 등의 원인으로 인하여, 복잡한 계산이 필요한 신경망 연구가 정체되기 시작하였다.

따라서 300개 이상의 인공지능 관련 회사가 1993년 말에 파산하거나 인수되어 사라졌다. 인공지능이 새로운 물결이 아니라는 주장들과 함께 미국의 전략적 컴퓨터 구상 등 정부 기관은 연구기금을 대폭 삭감하였다. 결론적으로 인공지능의 첫 번째 상업적인 성공은 종결되고 두 번째 암흑기에 접어들었다.

6. 인공지능의 부활(1993~2011)

또한 1990년대에는 인간이 원하는 것을 대신하여 지시해 주는 지능형 에이전트(Intelligent Agent)라는 새로운 패러다임이 연구되기 시작하였다. 인간과 인간의 조직처럼 특정 문제를 해결하는 간단한 프로그램을 지능형 에이전트라 하였다. 주변 환경을 탐지하여 자율적으로 동작하는 장치 또는 프로그램으로 컴퓨터 하드웨어를 포함한 컴퓨팅 시스템이나 로봇을 가리키기도 한다. 지능형 에이전트는 센서를 이용하여 주변 환경을 지각하며 적절한 행동을 한다.

▼ 그림 2-9 지능형 에이전트 개념

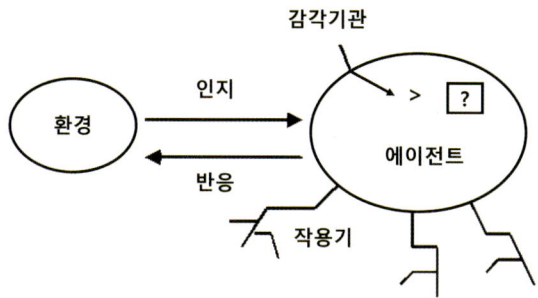

출처 : 조영임(1999), 재구성.

이 시기는 증가하는 컴퓨터 성능과 제한된 특정 문제에 초점을 맞추면서 산업 전반에 성공적인 소식들이 전해지게 되었다.

▼ 그림 2-10 2011년 IBM의 '왓슨'

출처 : IBM 왓슨 유튜브

1997년에는 IBM이 개발한 딥 블루(Deep Blue)는 10년 전 패했던 세계 체스 챔피언인 카스파로프(Garry Kasparov)와 대결에서 2승 3무 1패로 승리하였다. 2011년 IBM의 컴퓨터 시스템인 왓슨(Watson)이 미국의 TV 퀴즈쇼(제퍼디)에서 2명의 세계 챔피언인 브래드 러터(Brad Rutter), 켐 제닝스(Ken Jennings)에게 여유롭게 이겼다.

7. 인공지능의 부흥기(2011~2020)

21세기 들어와서 빅데이터, 클라우드, 기계학습, 딥러닝 등의 기술이 많은 문제에 성공적으로 적용되었다. 빅데이터는 경영·경제 분야 등 다양한 분야에서 활용되고 있고 딥러닝은 영상 처리, 텍스트 분석, 음성 인식에도 사용되고 있다.

2012년 미국의 구글(Google)은 유튜브에 등록된 동영상들로부터 고양이 영상인식에 성공하였고, 2014년에는 페이스북(Facebook)도 딥러닝 기술을 적용하여 '딥페이스'라는 얼굴인식 알고리즘을 개발하였다.

2016년 3월은 인공지능에 관한 큰 관심을 불러일으킨 역사적인 시기였다. 국내에서 바둑 프로그램인 알파고(Google, 딥마인드)가 이세돌 9단 간의 대결에서 4승 1패를 기록하였다. 이는 전 세계인의 관심 속에 벌어진 대결로 인공지능에 대한 폭발적인 관심을 일으킨 사건이었다. 1,202개의 중앙처리장치로 구성되어, 구글 클라우드 플랫폼을 비롯한 강력한 컴퓨팅 능력이 특기로 70만여 회에 이르는 대국을 보면서 스스로 학습한 결과이다.

이렇게 2011년 이후 부흥기를 맞이한 이유는 딥러닝의 성공에 기인한 것이다. 초기 딥러닝(Deep Leaning)은 캐나다 토론토대학교의 제프리 힌튼(Geoffrey Hinton) 교수 연구팀이 딥러닝 기술을 활용하여 인간의 뇌를 닮은 심층신경망을 안정적으로 훈련하는 데 성공했다. 딥러닝의 탄생에 따라 첫째, 기존 신경망 모델의 단점이 극복되어 활용할 수 있었다. 둘째, 하드웨어의 급격한 발전에 따라 복잡한 연산 시간을 크게 단축하게 되었다. 셋째, 다량의 자료를 가진 빅데이터 기술의 발전에 따른 학습에 활용을 할 수 있게 되었다.

SECTION 3 챗 GPT 출현(2022~)

1. 챗GPT 탄생과 발전

최근 IT업계 최대 화두는 인공지능 '챗GPT'이며, 2023년이 시작되자 인공지능(AI) 업계에도 커다란 변화의 물결이 시작되었다. 미국 스타트업 오픈 AI의 대화형 인공지능(AI) 모델인 '챗GPT' 돌풍이 세계적으로 거세다. 인공지능과 실시간 대화는 물론 혁신적인 답을 내놓는 것을 넘어 미국 경영학석사·변호사시험 등 전문직 시험도 척척 통과하고 있다. 대중화의 시작 혹은 진정한 AI 서막이 시작되었다는 평가를 받고 있다.

또한 테슬라 CEO 일론머스크는 "챗GPT는 무섭도록 좋다. 위협할 정도로 강력한 AI가 머지 않았다"고 주장하였고, 마이크로 소프트 창업자 빌게이트는 "챗GPT같은 AI는 PC나 인터넷의 등장과 같이 세상에 영향을 줄 것"이라고 하였다. 일런 머스크와 빌게이츠가 극찬을 아끼지 않는 이유를 살펴보면, 오픈AI는 일런 머스크와 와이콤비네이션(YCombination) CEO 출신 샘 알트만(Sam Altman) 등에 의해 2015년 설립된 미국의 AI회사이다. 나중에 일런 머스크가 테슬라 사의 AI 개발과 관련된 이해관계 충돌을 방지하기 위해 이사회에서 사임하였다. 이후 오픈AI 덕분에 많은 인공지능 기술이 탄생하게 되었고 연구 등을 위해 굉장이 큰 돈이 필요하게 되었고 2019년 6월 마이크로소프트사가 오픈AI에 10억 달러를 투자해 왔을 뿐 아니라, 최근에는 100

억 달러 투자계획을 발표하였다(반병현, 2023).

이런 배경 하에 이용자가 100만 명에 도달하는데 넷플릭스 3년 6개월, 에어비앤비 2년 6개월, 트위터 2년, 페이스북 10개월, 인스타그램 2.5개월의 기록을 챗GPT는 단 5일 만에 돌파하였다. 더욱 놀라운 것은 출시 2달 만인 2023년 2월 8일 유료 버전이 나오면서 월 20달러의 요금을 받겠다는 발표 후 약 150만명 가입을 달성하였다. 이렇게 챗GPT는 2016년 AI의 위력을 알리고 새로운 존재를 통해 문명사적 신호탄인 알파고의 충격과는 비교가 안 된다.

▼ 그림 2-11 챗GPT 돌풍(100만 가입자 확보 시기 비교)

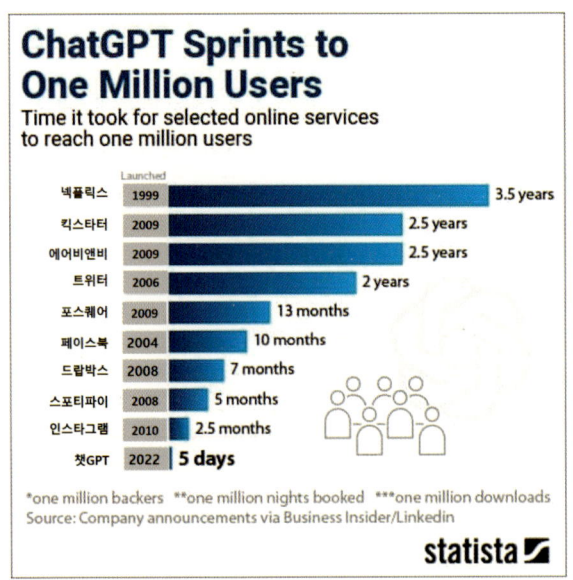

출처 : Katharina Buchholz. Jan 24, 2023.

챗GPT의 모태를 살펴보면, 지금은 스위스 루가노 대학과 사우디아라비아 대학을 오가며 강의하는 위르겐 슈미트후버 교수는 학계와 외신으로부터 '현대 인공지능의 아버지'로 불린다. 일찍이 AI 딥러닝의 중요한 도델 중 하나인 '장단기 기억(LSTM : Long Short-Term Memory)모델'을 창시해 주목을 받았다. 슈미트후버는 30년 전에 '선형화된 self-attention transformer(셀프 어텐션 트랜스포머)'라는 연구를 소개하였으며, 이 기술이 지금의 챗GPT를 낳은 기반이 되었다는 평가다(권기대, 2023).

'GPT'란 'Generative Pre-Trained Transformer'의 약자로 방대한 양의 데이터를 학습해서 적절한 대답을 찾아내는 대형 언어 모델(LLM, Large Language Model)이다. 챗GPT는 GPT-3의 업그레이드 버전인 3.5를 기반으로 개발한 언어 생성 모델이다. 2018년 GPT-1이 처음 출시되어 매개변수 1억 1,700만 개를 활용, 2019년 발표된 GPT-2는 매개변수 15억 개, GPT-3는 1,750억 개, GPT는 3.0에서 강화학습을 적용하였다.

표 2-3 GPT출시시기 및 파라미터 수

모델명	출시시기	파라미터 수	특징
GPT-1	2018년	1,700만 개	Unlabeled 데이터 학습, 특정 주제에서의 분류, 분석 등의 응용 작업 가능
GPT-2	2019년	15억 개	비지도 학습 기반으로 패턴 인식하여 대용량 데이터 학습이 가능
GPT-3	2020년	1,750억 개	자가학습(Self-attention) 레이어를 많이 쌓아 파라미터 수 100배 이상 증가. 사람처럼 글 작성, 코딩, 번역, 요약 가능
Instruct GPT	2022년	1,750억 개	인간 피드백 기반 강화학습(RLHF, Reinforcement Learning with Human Feedback) 적용으로 답변 정확도와 안정성 급증
GPT-3.5	2022년	1,750억 개	InstructGPT와 같은 RLHF 기반 모델 학습

출처 : 삼일PwC경영연구원

약 5년 만에 성능이 약 만(10,000) 배 이상이 향상되어 구글 등에서 검색하던 단어 조합에서 서술형 질문이 가능하게 되었다. 또한 다양한 주제로 대화가 가능하고 자격시험 및 학교 시험의 문제풀이, 시 및 글짓기 등 문학작품, 다양한 언어의 번역 기능까지 다양한 작업이 가능하게 되었다.

챗GPT는 GPT-3.5에서부터 인간 피드백형 강화학습(Reinforcement Learning with Human Feedback)을 사용하여 사용자의 지시에 따르고 만족스러운 반응을 생성하는 능력을 만들어 나아간다. 많은 기능을 갖고 있지만 한계도 존재한다. 챗GPT가 학습한 데이터가 지난 2021년까지 생성된 정보인 탓에 2021년까지 학습용 데이터는 수집돼 있지만, 그 후 사건이나 전개에 관한 최신 정보는 가지고 있지 않다. 또한 정보의 출처에 대해 알 수 없는 한계가 있다. 챗GPT에 가입하여 챗GPT의 한계는 무엇인가 하고 물으면 다음과 같다.

- 정확성 : 훈련 데이터에 기반한 모델이므로 잘못된 정보를 생성할 수 있다.
- 이해 능력 : 복잡한 상황이나 미지수에 대한 대답이 제대로 되지 않을 수 있다.
- 지식 컷오프 : 최신 정보에 대한 대답이 불가능하다.
- 의사결정 : 사람이 가지는 개인적인 신념, 가치관 등이 없으므로 의사결정이나 상담분야에서 대답이 제대로 되지 않을 수 있다.

오픈AI는 현지시간 2023년 3월 14일 GPT-4로 업데이트했다고 밝혔다. 이를 통해 차세대 AI가 출현하여 초 단위 매개변수로 두뇌 신경회로와 유사하며 텍스트는 물론 이미지까지도 이해하게 되었다. 가장 주목받는 것은 이미지를 올리면 텍스트를 인식하는 기능으로 이에 따라 전문 직종에서 활용이 확대되고 있다(이상덕, 2023).

표 2-4 GPT 3.5 및 4.0차이

구분	CTP-3.5	GTP-4
출시일	2022년 11월	2023년 3월
파라미터	1,750억 개	미공개
세션당 토큰 제한	4,096개 (약 3,000개 단어)	3만 2,768개 (약 2만 5,000개 단어)
학습데이터	2021년	2021년
특징	텍스트를 입력하면 결과물을 텍스트로 출력	멀티모달로 텍스트뿐만 아니라 이미지도 입력 가능, 결과물을 텍스트로 출력
적용 범위	챗GPT 무료 버전	챗GPT 플러스(유료), MS 검색엔진 '빙'

출처 : 머니투데이(2023.3)

표 2-5 GPT-4 시험 시뮬레이션 결과

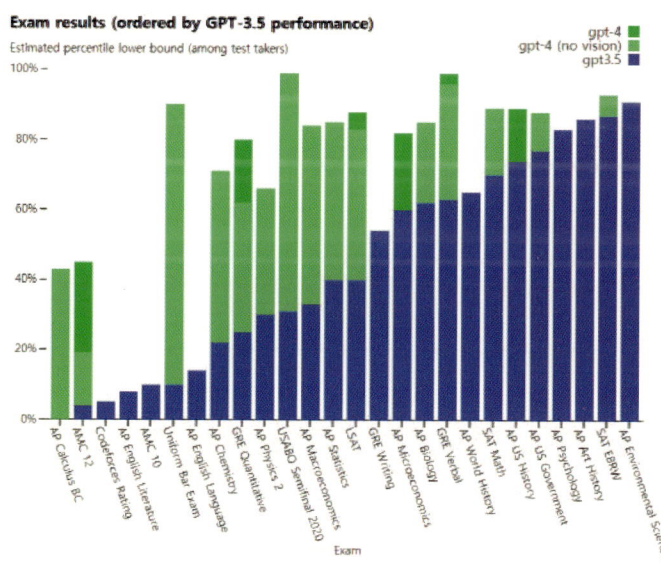

출처 : 오픈AI 홈페이지 캡처

오픈AI의 GPT-4 시험 시뮬레이션 결과를 살펴보면 다양한 전문적인 시험에서 인간 수준의 성능을 보여줬다. 미국 모의 변호사 시험결과 지표에 따르면, GPT-3.5의 점수는 하위 10% 정도에 그쳤으나 GPT-4가 상위 10% 수준의 점수로 합격했다. 미국 대입 시험인 SAT 역시 상위 10% 수준으로 읽기-쓰기와 수학 과목은 각각 93번째와 89번째 백분위수를 기록했다(이상덕, 2023).

최근에는 국내외 교육계 등에서 많은 문제점 등이 지적되고 있다. 미국대학의 경우 챗GPT로 과제를 한 학생들에 낙제점을 부여하여 사회문제가 되었고, 한국의 경우도 학교에서 윤리교육을 실시하는 등 여러 문제가 예상되고 있다. 또한 수많은 전문직이 난감한 처지에 몰리게 되었다. 변호사·의사 등 전문직은 커다란 도전에 직면하게 되었다.

2. MS와 구글의 전쟁

인공지능(AI) 주도권을 잡기 위한 글로벌 시장에선 세계 IT 기업들의 기술 전쟁이 뜨겁게 격화되고 있다. 마이크로소프트(MS)가 이미 선두 주자로 치고 나가고 있고 구글이 빠르게 추격 및 견제에 나서고 있다.

마이크로소프트는 2023년 2월 7일(현지 시각) 미 워싱턴주 본사에서 챗GPT를 적용한 인터넷 검색 엔진 '빙(bing)'을 공개했다. 큰 화제를 모았던 챗GPT는 2021년까지의 데이터를 기반으로 주어진 질문에 답을 하지만, 빙은 1시간 전 최신 뉴스까지 반영하며 논문 등 출처 정보를 제공하고 있다. 사티아 나델라 MS CEO는 "AI 기반 검색 엔진 출시는 클라우드(가상서버) 서비스가 나오기 시작하던 2007~2008년 이후 가장 큰 사건"이라며 "AI 기술은 우리가 알고 있는 거의 모든 소프트웨어 범주를 재편할 것"이라고 했다(조선경제, 2023). 시장조사업체

스태티스타에 따르면 2022년 12월 기준 빙의 글로벌 검색 시장 점유율은 8.95%로 1위 구글(84.08%)에 크게 뒤처진다.

구글도 2023년 2월 8일 인공지능 챗봇 '바드' 서비스를 공개하면서 반격에 나섰다. 구글이 바드 출시를 서두른 데는 오픈AI의 챗GPT와 MS의 영향이 크다. 오픈AI가 내놓은 챗GPT가 출시 두 달 만에 이용자 수 1억 명을 돌파하며 검색 시장을 위협하자 차단에 나섰다. 2022년 12월에는 내부적으로 '코드 레드'(위기 경고)를 선언하고, 최근에는 AI 챗봇을 개발 중인 스타트업 앤스로픽에 4억 달러(약 5,000억 원)를 투자했다(중앙일보, 2023). 2월 8일 '바드'의 공개와 함께 프랑스 파리에서 열린 구글의 '검색과 AI 이벤트'에선 AI 기반의 새 검색 기능에 관한 세부 내용과 구글 맵(지도)·번역 등에도 AI를 탑재할 것이라고 전했다. 구글 맵의 경우 로스앤젤레스와 뉴욕, 런던 등 장소를 가상으로 해당 장소의 실시간 날씨와 교통 등의 정보도 제공한다. 구글 번역은 AI 기능이 탑재되면서 영어와 프랑스어, 독일어, 스페인어, 일본어 5개 언어에서 '문맥' 번역이 강화되었다. 구글은 올해 안에 새로운 AI 서비스 20여 개를 출시할 예정이고, AI 챗봇과 구글 검색을 결합하는 것도 진행할 예정이다(아이뉴스, 연합뉴스, 2023).

MS의 질주에 대응하기 위해 세계 검색 엔진 1위 업체인 구글은 그동안 AI 윤리를 의식해 AI의 공개에 보수적이었지만 최근 이런 전략을 수정하였다. 그동안 구글은 글로벌 빅테크 중 AI 기술에서 가장 앞선다는 평가를 받아왔다. 2016년 알파고를 개발한 곳도 구글 딥마인드다. 하지만 AI가 생성한 결과물로 인해 발생할 수 있는 저작권 문제, 윤리적 논란 등을 우려해 서비스 출시에는 신중한 입장이었다(중앙일보, 2023).

▼ 그림 2-12 글로벌 기업들의 AI 개발 전쟁

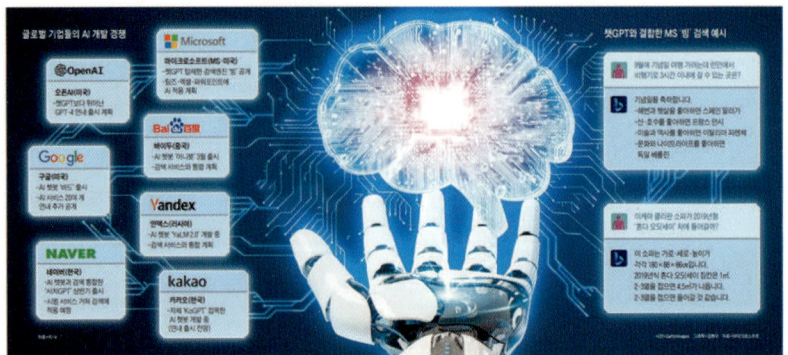

출처 : 조선일보. 2023.2.13.

3. 중국 및 한국 빅테크 기업의 전쟁 참여

중국 빅테크 기업들도 잇따라 관련 기술 출시 계획을 밝히며, 글로벌 AI 검색 시장에 출사표를 던지고 있다. 중국 최대 검색 업체 바이두도 챗GPT와 유사한 AI 챗봇을 2023년 상반기에 출시한다고 밝혔고, 이커머스 기업 알리바바도 '챗GPT'의 경쟁 대상이 될 수 있는 기술을 내부적으로 테스트 중이라고 발표했다. 또한 중국의 대형 게임 회사인 넷이즈도 생성형(Generative) AI 연구를 진행 중이라고 공개했다.

한국의 빅테크 기업들도 전 세계 새로운 검색 트렌드에 맞춰 글로벌 AI 전쟁에 참전하고 있다. 네이버는 한국판 챗GPT인 '서치GPT'를 2023년 상반기 출시할 계획이고, 카카오는 자체 개발한 'KoGPT'를 접목한 대화형 AI를 올해 안에 선보일 예정이다. 또한 KT(믿음), SK텔레콤(누구), LG(EXAMINE) 등이 생성형 AI 모델 개발을 진행 중이다. 이를 미국 포브스지는 "전 세계에 새로운 AI 전쟁이 발발했다"고 진단했다.

2장 참고문헌

1. 고바야시 이치로. 역자 장문수 외. (2008). 인공지능이 기초. 미디어 드림.
2. 권기대. (2023). 챗GPT 혁명. 베가북스.
3. 김대수. (2020). 처음 만나는 인공지능. 생능출판.
4. 김범수. (2018). 케라스와 함께하는 쉬운 딥러닝 (1) - 다층 퍼셉트론
5. 김의중. (2016). 인공지능, 머신러닝, 딥러닝 입문, 위키북스.
6. 김정환 외. (2022). 비전공자의 인공지능 입무. 홍릉.
7. 남상엽 외. (2020). 인공지능 기술. 상학당.
8. 마쓰오유타카. (2015). 인공지능과 딥러닝, 동아엠앤비
9. 반병현. (2023). 챗GPT. 생능북스.
10. 이광호. (2019). 인공지능의 기본. 아이뉴턴.
11. 이상덕. (2023). 챗GPT전쟁. 인플루엔셜
12. 조영임. (1999). 최신 인공지능. 학문사.
13. 천인국. (2020). 인공지능. 인피니트북스.
14. 최성. (2021). 4차 산업혁명의 핵심 인공지능. 광문각.
15. 한선관 외. (2021). 인공지능 그림책. 성안당
16. 덕팩트. (2023.02.09.). '챗GPT'에 물었다…"넌 누구니?".
17. 아이뉴스. (2023.02.08.). 챗GPT 천하 열린다…주도권 누가?.
18. 연합뉴스. (2023.02.09.). 빅테크 'AI 기술전쟁'…재반격 구글, 지도·번역에 AI 기능 추가
19. 조선경제. (2023.02.09.). 불붙은 AI 세계대전… MS·구글·바이두 참전.
20. 중앙일보. (2023.02.08.). 세상 뒤집을 AI 전쟁…구글, 챗GPT와 대결.

21. 한경닷컴. (2023.02.08.). 빅테크 '챗GPT 혈투'.
22. JTBC. (2023.02.08.). '챗GPT' 장착한 마이크로소프트⋯구글 '바드'와 AI 전쟁.
23. YTN. (2023.02.10.). 신통방통 챗GPT "라이벌은 카카오·네이버"⋯도전장 vs 협력.
24. Katharina Bichholz. (2023.1). Statista.
25. Stuart Russell, Peter Noving. (2021.5). Artitical Intelligence.
26. 오픈 AI 홈페이지

제 **3** 장

인공지능(AI) 기술 (머신러닝과 딥러닝) 이해

제1절 컴퓨터 프로그램(Program)
제2절 머신러닝(Machine Learning : 기계학습) 이해
제3절 딥러닝(Deep Learning)의 이해

SECTION 1 컴퓨터 프로그램(Program)

1. 프로그램 개념 및 언어

컴퓨터 프로그램(computer program)은 컴퓨터 하드웨어가 수행할 때 특정 작업(specific task)을 수행하는 일련의 명령어들의 집합이다. 특정 문제를 해결하기 위해 처리 방법과 순서를 기술하여 컴퓨터에 입력되는 일련의 명령문 집합체이며 대부분의 프로그램은 실행 중에 사용자의 입력에 반응하도록 구현된 일련의 명령어들로 구성되어 있다.

대부분의 프로그램들은 하드디스크에 2진 코드 등의 명령어로 저장되어 있다가 사용자가 실행시키면 메모리로 적재되어 실행된다. 컴퓨터 소프트웨어와 비슷한 뜻을 가지고 있다. 프로그램은 프로그래밍이 된 결과물을 뜻하고, 소프트웨어와 사실상 같은 뜻으로 쓰이지만 약간의 의미 차이는 있다. 주로 소프트웨어는 하드웨어에 대응되는 개념으로 쓰이고, 프로그램은 진행 절차와 짜임의 의미를 조금 더 강조하는 개념이다.

사실 엄밀히 따지면 **소프트웨어**는 하드웨어 위에서 작동하고 처리되는 무형물의 통칭이므로, 작동하는 소프트웨어인 프로그램과 작동하지 않는, 처리의 객체가 되는 소프트웨어인 데이터를 포함하는 개념이다. 즉, **프로그램은 소프트웨어의 하위 개념**이다.

프로그래밍(programming, **프로그램 작성**) 혹은 **코딩**(coding)은 하나 이상의 관련된 추상 알고리즘을 특정한 프로그래밍 언어를 이용해 구체적인 컴퓨터 프로그램으로 구현하는 기술이다. 프로그래밍은 과학, 수학, 공학적 속성들을 가지고 있다.

한편 **코딩**은 '작업의 흐름에 따라 프로그램 언어의 명령문을 써서 프로그램을 작성하는 일' 또는 '프로그램의 코드를 작성하는 일'로 크게 나누어 언급되고 있는데 이는 알고리즘과의 상관관계를 잘 언급하고 있다. 프로그래밍 언어에는 저급 언어와 고급 언어로 나눌 수 있다.

▼ 그림 3-1 프로그래밍 언어의 종류

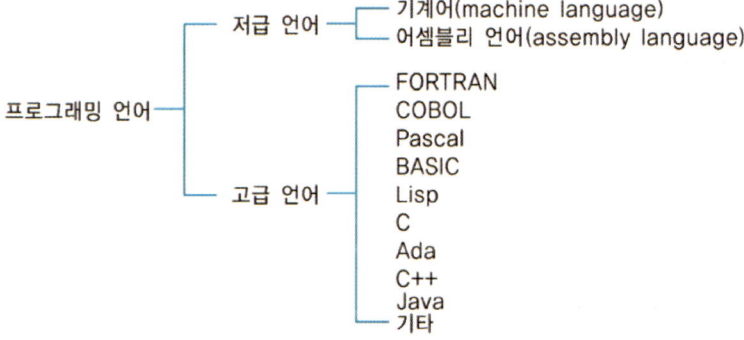

저급 언어(low-level programming language)란 컴퓨터가 이해하기 쉽게 작성된 프로그래밍 언어로, 일반적으로 기계어와 어셈블리어를 일컫는다. 실행속도가 매우 빠르지만 배우기가 어려우며 유지보수가 힘든 것이 단점이다. 현재는 특수한 경우가 아니면 사용되지 않는다.

기계어는 특별한 변환 과정 없이 컴퓨터가 직접 처리할 수 있는 유일한 언어이다. 현재 프로그래머들은 대개 기계어로 직접 프로그램을 작성하지는 않는데 그 까닭은 고급 언어가 자동으로 다루는 수많은 세부 사항들을 신경을 써야 하기 때문이다. 모든 명령마다 수많은 코드를 기억하고 찾아야 하고, 수정하기 또한 매우 어렵다. 이에 비해 어셈블리어는 기계의 명령을 상징적인 기호로 대응시킨 언어이다.

이에 비해 **고급 언어**(high-level programming language)란 기계와 독립적인 언어를 말하며, 하드웨어 특성에 얽매이지 않고 프로그램을 작성할 수 있다. 이는 사람이 이해하기 쉽게 작성된 프로그래밍 언어로서, 저급 언어보다 가독성이 높고 다루기 간단하다는 장점이 있다. 컴파일러나 인터프리터에 의해 저급 언어로 번역되어 실행된다. C 언어, 자바, 파이슨 등 대부분의 프로그래밍 언어들은 고급 언어에 속한다.

저급 언어
- 기계어와 어셈블리 언어를 의미
- 하드웨어에 관련된 직접제어가 가능
- 프로그램 작성 시 상당한 지식과 노력이 필요

고급 언어
- 하드웨어에 관련된 지식 없이도 프로그램 작성 가능
- 프로그램을 생산하기 수월
- 일상적인 언어, 기호 등을 이용, 좀 더 인간의 언어에 가까움
- 기억장소를 임의의 기호(symbol)에 저장하여 사용
- 하나의 명령으로 다수의 동작을 지시할 수 있음
- 기계어로 변환하기 위해 인터프리터나 컴파일러가 필수적으로 요구

▼ 그림 3-2 스크립트 언어와 컴파일 언어 비교

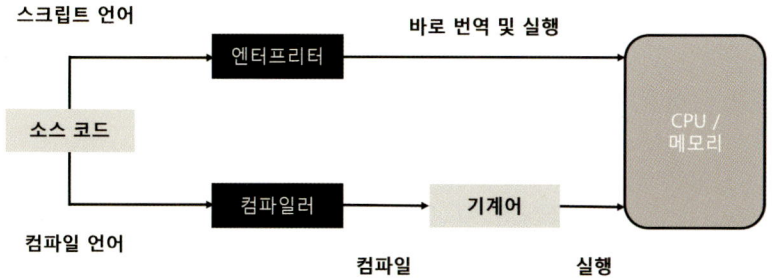

출처 : 컴퓨터 사이언스, 2020

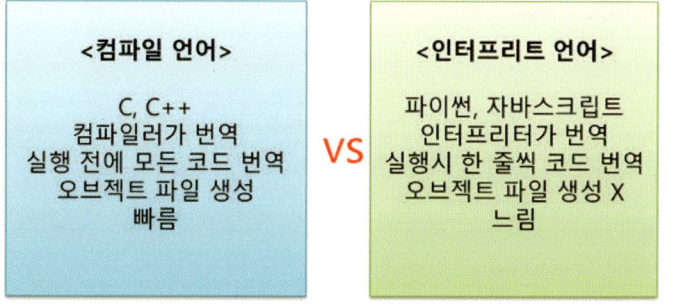

출처 : bskyvision.com/entry/컴파일-언어와-인터프리팅-언어, 재구성.

2. 일반 프로그램과 인공지능 프로그램

일반(전통적인) 프로그램과 인공지능 프로그램은 구조나 절차 등에서 많은 차이를 보인다. 일반 프로그램은 프로그래머가 관련 업무의 전문가와 상의하여 논리적 기반에 기초하여 모든 규칙이 프로그래밍이 되어 있는 내용에 의해 적용된 프로그램이다. 즉, 각 규칙에 맞게 작성된 프로그램에 데이터를 입력하면 데이터를 처리해서 데이터를 내보낸다. 또한 시스템이 복잡해지면 더 많은 규칙이 추가되고, 유지관리가 어렵게 된다.

우리 사용하는 인스타그램의 경우 화면에 작업을 진행하면, 이것이 입력데이터가 돼 원하는 사진 혹은 글이 되어 그것이 인스타그램에 올라간다. 네이버에 검색어를 넣고 진행하면 원하는 내용 혹은 기사 등을 보여준다.

이에 비해 인공지능 프로그램은 기본적으로 학습이 필요하며 규칙을 생성하게 된다. 이 학습을 위해 2가지 종류의 학습 데이터가 필요하다. 즉 학습 데이터는 학습훈련 데이터 세트(training data set), 검증 데이터 세트(validation data set)로 나누어 학습이 진행되고, 학습 종료 후 테스트 데이터 세트(test set)는 생성된 모델을 검사하는 용도로 사용된다. 즉, training data set에는 교과서, validation data set는 모의고사, test set는 수능시험에 비교해서 생각해 볼 수 있다.

▼ 그림 3-3 일반 프로그램과 인공지능 프로그램의 비교

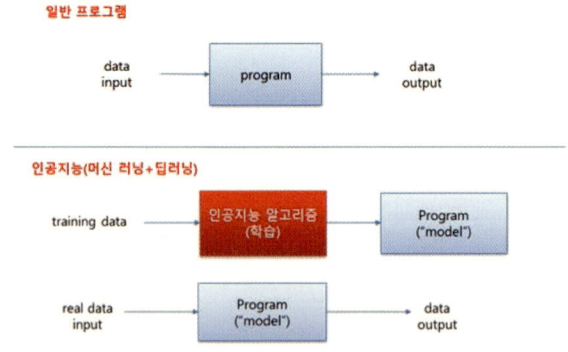

출처 : 장동민(2020), 재구성.

이렇게 인공지능 프로그램은 학습 데이터가 필요하며 인공지능 알고리즘을 통해 학습하여 학습 모델을 생성하게 된다. 이 모델을 통해 실제 데이터를 활용하여 모델을 거쳐 결과를 도출하게 된다(박상배 외, 2022). 새로운 데이터와 경험에 적응하기 시작하고 시간이 지남에 따라 점차 효율이 향상된다.

> SECTION
> 2

머신러닝(Machine Learning : 기계학습) 이해

인공지능이란 사고나 학습 등 인간이 가진 지적 능력을 컴퓨터 시스템을 통해 구현하는 기술로서 머신러닝(Machine Learning), 딥러닝(Deep Learning) 등을 포함한 광범위한 개념이다. 기계학습이라고도 하는 머신러닝은 컴퓨터가 스스로 학습하여 인공지능의 성능을 향상시키는 기술 방법으로 인공신경망 알고리즘을 활용하는 딥러닝을 포함하는 개념이다. 이렇게 인공지능 분류에서 살펴보는 바와 같이 인공지능 > 머신러닝 > 딥러닝의 개념으로 나누어 볼 수 있다.

1. 머신러닝(Machine Learning)의 정의

머신러닝(Machine Learning)은 소프트웨어에서 명시된 프로그램이나 규칙 없이 작업을 수행할 수 있는 기능을 하고 있다. 즉, 인간의 학습 능력과 같은 기능을 기계(컴퓨터)를 통해 실현하는 기법과 분야이다. '머신(Machine)'이란 기계 장치를 말하고 일반적으로 컴퓨터로 이해된다. '러닝(Leaning)'이란 학습을 의미하며, 머신러닝이란 '**컴퓨터를 통한 학습**'으로 정의될 수 있다.

그동안 컴퓨터는 스스로 학습할 수 없으므로, 우리가 작업을 위해서 반드시 프로그램을 작성하고 작업을 위한 지시를 하여야 한다. 그러나 컴퓨터가 스스로 학습할 수 있다면, 여러 가지 일들을 컴퓨터는 프로그램 없이도 할 수 있을 것이다. 예를 들어 2016년 바둑 프로그램인 '알파고'가 바둑 경기의 규칙만을 통해 수많은 대국을 보면서 스스로 바둑의 원리를 학습하고 인간 최고의 고수에 승리하였다. 머신러닝을 정의하는 몇몇 기관의 관점을 살펴보면 다음과 같다(김대수 2020).

- 머신러닝은 명시적으로 프로그래밍하지 않고도 컴퓨터를 작동시키는 과학이다(Stanford University).
- 머신러닝은 규칙 기반 프로그래밍에 의존하지 않고, 데이터로부터 학습할 수 있는 알고리즘을 기반으로 한다(Mckinsey & Co.).
- 머신러닝 알고리즘은 예제를 일반화하여 중요한 작업을 수행하는 방법을 파악할 수 있다(University of Washington).

2. 머신러닝의 진화 역사

인류 최초의 머신러닝 프로그램은 아서 사무엘(Arthur L. Samuel)에 의해 만들어졌다. 아서 사무엘은 IBM에 근무하던 1952년에 체커(Checker) 게임 프로그램을 만들었으며, 1959년 논문에서 머신러닝에 대한 용어를 발표하였다.

사무엘은 체커를 통해 머신러닝이 어떻게 작동하는지 보여주었다. 컴퓨터가 프로그래밍 없이 데이터를 처리하고 학습을 통해 개선되는 것을 보여주었다. 이는 고급 통계 개념을 활용하여 가능하며, 확률 분석을 통해 컴퓨터가 정확한 예측을 하도록 훈련될 수 있었다.

▼ 그림 3-4 사무엘의 체커 프로그램을 개발하는 장면

출처 : 이현기(2022)

체커 프로그램은 경험으로부터 학습하는 방법을 사용하여, 기존의 컴퓨터 프로그램을 활용하는 프로그램과 차별화를 하였으며 향후 '알파고'와 같은 인공지능 바둑 프로그램의 밑바탕이 되었다. 이후 1957년 프랑크 로젠블라트(Frank Rosenblatt)에 의해 최초의 신경망 모델은 퍼셉트론(Perceptron), 1986년 다중 퍼셉트론, 의사결정 트리(Decision Tree) 등이 개발되었다. 이때 주로 연구되던 퍼셉트론(Perceptron)은 차후에 딥러닝의 기반이 된다.

1990년대부터 머신러닝은 독립적인 분야로 재편되어, 통계와 확률 이론 방법으로 초점이 옮겨진다. 1995년에 발표된 SVM(Support Vector Machine)은 선풍적인 인기를 끌었다. 이후 2010년대 기존의 신경망을 업그레이드한 딥러닝(Deep Learing)이 인기를 끌면서 머신러닝을 주도하게 되었다.

▎표 3-1 머신러닝의 연도별 개발 모델과 특징

구 분	개발자	모 델	특징 또는 종류
1952년 (1959년)	Arthur Samuel	Checker Program (논문 : 용어)	최초의 머신러닝
1957년	Frank Rosenblatt	Perceptron	최초의 신경망 모델
1986년	Rumelhart 등	Multilayer Perceptron	Back-propagation 알고리즘
1986년	Quinlan	Decision Tree	ID3
1995년	Vapnik, Cortes	Support Vector Machine	이진 분류기

출처 : 김대수(2020).

3. 머신러닝의 목표와 용어

머신러닝의 목표는 데이터에서 규칙을 찾아내어 수식으로 표현하는 모델을 추출하는 것으로 학습 과정과 검증과정을 거친다. 학습 과정은 샘플 데이터를 사용하여 입출력 간의 특징을 나타내는 파라메타 추정값으로 표기한다. 예를 들어 $y = a + bx$와 같은 수식으로 표기된다. 이에 비해 검증과정은 학습 미사용 데이터를 대입하여 추정식 결과값과 실제 출력값을 대조하여 오차율 등을 계산하는 과정을 말한다.

1) 학습(Learning)
학습은 모델을 만들거나 배우는 것을 의미하며 기계가 판단할 수 있는 규칙 즉, 함수나 수식을 만드는 것이다.

2) 레이블(Label)
레이블은 우리가 예측하는 어떤 값에 대한 출력값(혹은 종속변수)이라 할 수 있다. $y = f(x)$에서 'y' 변수에 해당한다. 예를 들면 동식

물의 종류, 쌀값의 향후 가격 등 어떤 것이든 레이블이 가능하다.

3) 샘플 데이터(Sample data)

샘플 데이터는 머신러닝에 주어지는 특정한 데이터이다. $y = f(x)$에서 'x' 변수에 해당한다. 레이블(y)이 있는 샘플(x)과 없는 샘플이 있다.

4) 특징(Feature)

데이터를 학습할 때 일반적으로 어떤 특징을 추출하여 학습시키고 테스트를 진행한다. 학습 모델에게 공급하는 입력으로 데이터를 구별할 수 있는 요소로 이를 수량화한 값, 즉 수치로 나타낸 값이다. 머신러닝에서는 학습할 특징을 인간이 지정해 줘야 하나, 딥러닝에서는 특징을 스스로 찾아낸다.

5) 일반화(예측)

학습한 규칙에 따라 새로운 데이터의 결과를 예측하는 것이다. 학습된 모델을 사용하여 유용한 예측을 하는 것으로 레이블(y)이 없는 새로운 샘플의 레이블을 추론할 수 있다.

4. 머신러닝의 분류

머신러닝은 교사의 존재 여부 혹은 학습 형태에 따라 지도학습과 비지도 학습, 강화 학습으로 분류할 수 있다.

▼ 그림 3-5 머신러닝 분류

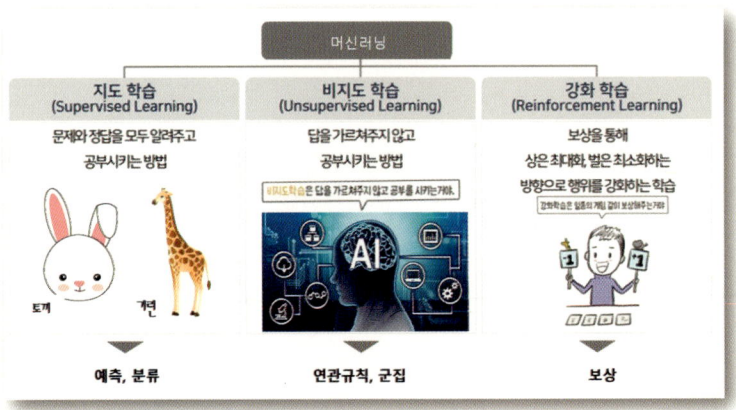

출처 : 현지원(2020)

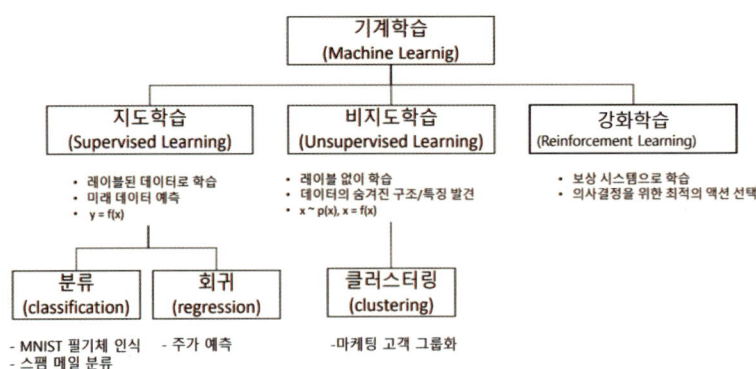

출처 : 비바버튼(2018), 재구성.

1) 지도학습(Supervised Learning)

지도학습은 데이터에 대한 학습데이터가 주어진 상태에서 컴퓨터를 학습시키는 방법입니다. 학습 훈련 데이터(training data)로 입력과 출력이 같이 제공되는 상황을 문제(입력)의 답(출력)을 가르쳐 주는 것에 비유하여 지도학습이라고 한다. 사례로 개와 고양이 사진을 구분하는 것을 들 수 있다. 이때 입력은 사진이고, 출력은 개 또는 고양이인지 아닌지가 된다. 개인지 고양이인지의 여부가 기록된 사진을 이용해 지도학습을 하며, 학습 결과는 훈련 데이터에 포함되지 않은 사진을 구분하는 데 적용된다.

지도학습에서 입력을 예측 변수(predictor variable) 또는 특징(feature), 출력을 반응 변수(response variable) 또는 목표 변수(target variable)라고도 한다. 지도학습 중 목표 변수가 수치형(numeric)인 경우는 회귀(regression), 범주형(categorical)인 경우는 분류(classification)라고 한다.

지도학습을 위한 대표적인 머신러닝 모델로는 선형 회귀(linear regression), 로지스틱 회귀(logistic regression), 결정 트리(decision tree), 서포트 벡터 머신(support vector machine), 인공신경망 등이 있다.

- 선형 회귀(linear regression) : 지도학습 중 출력이 수치형 값을 가지는 경우를 회귀라 하며, 회귀에 선형 함수를 이용하는 것을 선형 회귀라 한다.
- 로지스틱 회귀(logistic regression) : 지도학습 중 출력이 범주형 값을 가지는 경우를 분류라 하며, 로지스틱 회귀는 로지스틱 함수를 이용하는 분류 방법이다.
- 결정 트리(decision tree) : 주어진 입력값이 특정한 값을 출력하기 위한 다양한 조건들을 트리 형태로 표현하는 방법. 회귀와 분류에 모두 사용된다.

▼ 그림 3-6 지도학습 사례

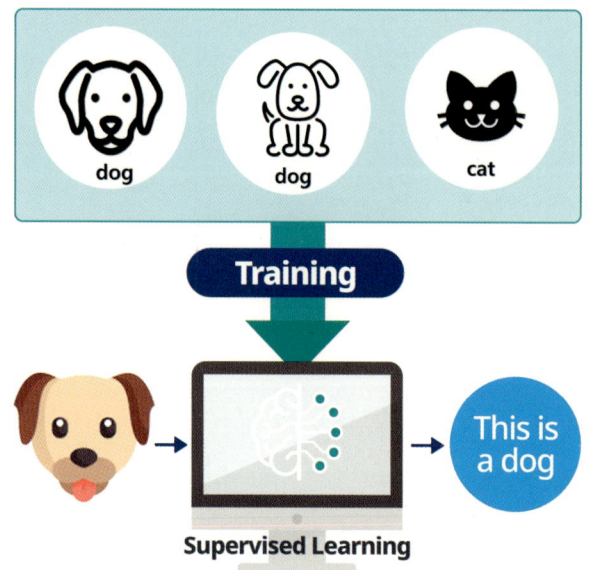

출처 : 한국정보통신기술협회 정보통신용어사전, 재구성.

- **서포트 벡터 머신**(support vector machine) : 주어진 입력이 존재하는 다차원 공간 상의 초평면(hyperplane) 개념을 이용하는 분류 방법. 입력데이터 예제 중 초평면을 결정하는 것들을 서포트 벡터라 한다.

2) 비지도학습(Unsupervised Learning)

지도학습과 달리 학습 훈련 데이터(training data)의 정답(혹은 label)이 없는 데이터가 주어지는 학습 방법을 말한다. 비지도학습은 주어진 데이터가 어떻게 구성되어 있는지 스스로 알아내는 방법이라고도 말할 수 있다. 아무도 정답을 알려주지 않은 채 오로지 데이터셋의 특징(feature) 및 패턴을 기반으로 모델 스스로가 판단하는 것이다. 지도학습의 분류(classification) 문제를 생각해보면, 분류를 위한 데이터가 필요하고 데이터의 대한 정답(label)이 필요하다.

모든 데이터셋에 각각에 대한 정보가 명시되어 있는 경우 라벨링을 따로 해주지 않아도 된다. 그렇지만, 정보가 명시되어 있지 않은 경우 이를 해결하기 위해 많은 인적 자원이 소요되는데, 라벨링이 되어 있지 않은 데이터들 내에서 비슷한 특징이나 패턴을 가진 데이터들끼리 군집화한 후, 새로운 데이터가 어떤 군집에 속하는지를 추론하는 비지도학습과 같은 방법론이 제시되었다.

비지도학습의 대표적인 예시로는 군집화(클러스터링, clustering)가 있지만, 비지도학습이라는 용어는 정답이 없는 데이터를 이용한 학습 전체를 포괄하는 용어이기 때문에 클러스터링 외에도 차원 축소(dimensionality reduction) 및 이를 이용한 데이터 시각화, 생성 모델(generative model) 등 다양한 task를 포괄하는 개념이다. 비지도학습의 예로, 뉴스 기사 분류, DNA 분류, SNS 관계 분류 등 많은 분야에 응용된다.

▼ 그림 3-7 비지도학습 개념도

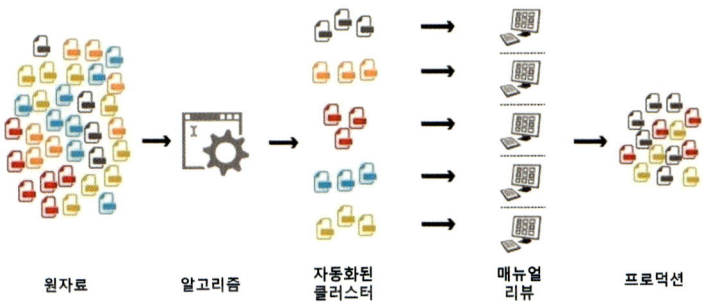

출처 : Simplilearn

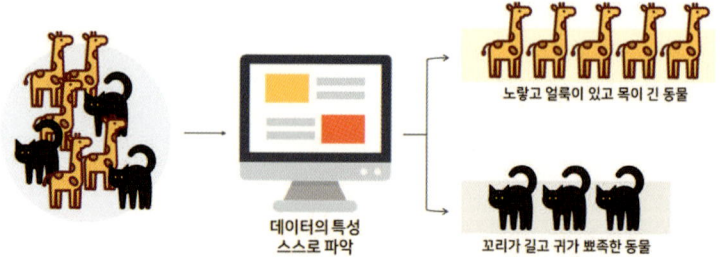

출처 : 장준혁(2018).

3) 강화학습(Reinforcement Learning)

강화학습은 어떠한 환경에서 어떠한 행동을 했을 때 그것이 잘 된 행동인지 잘못된 행동인지를 나중에 판단하고 보상(또는 벌칙)을 줌으로써 반복을 통해 스스로 학습하게 하는 분야이다. 강화학습에는 다음과 같이 두 가지 구성 요소로 환경(environment)과 에이전트(agent)가 있고, 마르코프 의사결정 과정(Markov decision process, MDP)에 학습의 개념을 넣은 것이라 할 수 있다.

지도학습과 비지도학습이 학습 데이터가 주어진 상태에서 환경에 변화가 없는 정적인 환경에서 학습을 진행했다면, 강화 학습은 어떤 환경 안에서 정의된 주체(agent)가 현재의 상태(state)를 관찰하여 선택할 수 있는 행동(action) 중에서 가장 최대의 보상(reward)을 가져다주는지 행동이 무엇인지를 학습하는 것이다.

강화학습은 주체(agent)가 환경으로부터 보상받음으로써 학습하기 때문에 지도 학습과 유사해 보이지만, 사람으로부터 학습을 받는 것이 아니라 변화되는 환경으로부터 보상받아 학습한다는 점에서 차이를 보인다. 이러한 강화 학습은 사람이 지식을 습득하는 방식 중 하나인 시행착오를 겪으며 학습하는 것과 매우 흡사하여 인공지능을 대표하는 모델로 알려져 있다.

▼ 그림 3-8 강화학습의 개념도

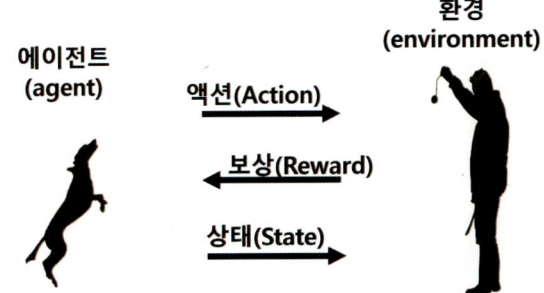

출처 : 인공지능 기술청사진 2030, 재구성.

5. 머신러닝의 활용 분야

머신러닝은 다양한 분야에 활용되고 있다. 물체를 인식하는 영상인식, 페이스북에서의 얼굴인식, 아이폰 Siri의 음성인식 분야는 물론 자율주행 자동차 등 현재 여러 분야에서 활발하게 활용되고 있다.

┃표 3-2 머신러닝의 활용 분야

활동 분야	응용
영상인식	문자인식, 물체인식
얼굴인식	Facebook에서의 얼굴인식
음성인식	Boby, Siri, Alexa 등
자연어 처리	자동 번역, 대화 분석
정보 검색	스팸 메일 필터링
검색 엔진	개인 맞춤식 추천 시스템
로보틱스	자율주행 자동차, 경로 탐색

출처 : 김대수(2020).

주요 산업 분야에서의 머신러닝 적용 사례를 살펴보면,

- **의료분야** : 건강과 관련된 헬스케어 분야에서 중요한 역할을 수행한다. 사물인터넷(Iot) 기술 혹은 웨어러블 장치를 활용하여 질병 패턴을 발견하고, 환자의 심장 박동, 혈압 등의 건강 상태를 체크하고 환자의 건강 개선에 활용된다.

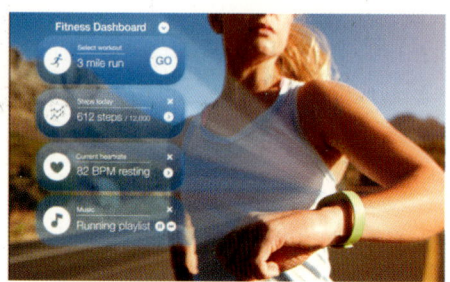

출처 : https://elec4.co.kr/article/articleView.asp?idx=25692

- **자율주행 자동차 분야** : 운전자가 없거나 운전 중 영화 혹은 책을 읽는 사이에도 목적지까지 주행이 가능해진다.

출처 : http://www.econovill.com/news/articleView.html?idxno=383682

- **운송 분야** : 배달 및 택배 업체, 대중교통 서비스 등 운송기업은 이동 경로를 효율적으로 설계 배치하여 수익성을 높이고 있다.
- **제조 분야** : 제조업체는 공장 내에 자동화 플랫폼에 장착된 센서와 사물인터넷에서 대량의 자료를 수집하여 사전 예방 유지보수

및 수요 예측 등 머신러닝 알고리즘이 활용된다.
- **재무 분야** : 주식 거래 예측, 대출 평가, 사기 감지 등에 머신러닝 알고리즘이 활용된다.
- **소셜미디어서비스(SNS) 분야** : 머신러닝은 개인이 여러 번 정보 등에 대해 학습하였다가 적절한 광고 혹은 정보를 제공하여 준다. 예를 들어 유튜브, 넷플릭스 등은 평소에 즐겨 보았던 동영상 및 영화 관련 정보를 추천하기도 한다.

6. 머신러닝의 한계

머신러닝의 난제는 크게 몇 가지로 나누어진다(한국기술교육대학, 2022).

첫째, **의미인식**의 문제이다. 머신러닝은 문제의 의미를 정확하게 알지 못한다. 예를 들어 머신러닝을 'He saw a woman in the garden with a telescope'를 '그는 망원경으로 정원에 있는 한 여자를 보았다.' 또는 '그는 정원에서 망원경으로 한 여자를 보았다.'로 해석할 수 있다. 이에 비해 인간은 컴퓨터와 달리 상식을 통해 의미를 정확히 인식할 수 있다.

둘째, **프레임**의 문제이다. 인간은 프레임 문제를 해결할 수 있으나, 머신러닝은 한계를 보인다. 예를 들어 '배터리가 얼마 남지 않은 로봇이 동굴 안에 있는 배터리를 가져와야 하는 과업'에 있어서 과업을 수행할 때 관계있는 지식만 사용할 수 있는가?에 있어서 머신러닝은 한계를 보인다.

셋째, **심볼 그라운딩** 문제이다. 얼룩말을 본 적 없는 사람에게 얼룩말은 줄무늬가 있는 말이라고 설명할 때, 사람은 얼룩말 사진을 보고 얼룩말이라고 추정하나 머신러닝은 기호와 의미가 결부(Ground)되지 않는다.

SECTION 3. 딥러닝(Deep Learning)의 이해

1. 딥러닝의 정의

딥러닝이란 머신러닝과 신경망의 한 분야로서 심층신경망(DNN : Deep Neural Network)에서 사용하는 학습 알고리즘이다. "딥(deep)"이라는 용어가 은닉층이 깊다는 의미로 하나만 사용하는 것이 아니라 여러 개를 사용한다.

즉 딥러닝은 사람의 뇌신경 구조를 모델링하여 만든 구조로 주어진 데이터를 그대로 입력데이터로 활용하여 데이터 자체에서 중요한 특징을 스스로 학습하는 과정을 말한다.

딥러닝은 기본 신경망과 크게 다르지 않고 학습 알고리즘은 근본적으로 동일하다. 최근 혁신적인 기술처럼 등장한 것은 기본 신경망의 여러 가지 문제점을 효과적으로 해결하였기 때문이다.

▼ 그림 3-9 딥러닝의 개념

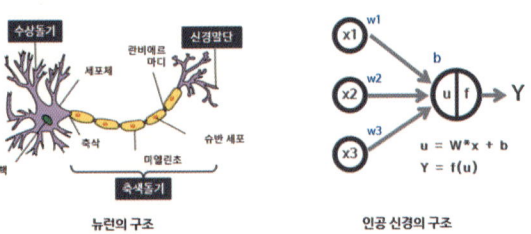

출처 : https://m.blog.naver.com/PostView.naver?isHttpsRedirect=true&blogId=windowsub0406&logNo=220878782311

딥 러닝 (Deep Learning) - 인공 신경망의 구조

출처 : https://freshdesk.com/ko/kblogs/deep-learning/

2. 딥러닝의 배경 및 성공 조건

딥러닝은 머신러닝 및 기본 신경망의 문제점인 그래디언트 소멸(gradient vanishing) 문제나 과잉 적합(over fitting)의 문제점들이 하나씩 해결되었다. 드디어 2012년에는 딥러닝 시스템 알렉스넷(AlexNet)이 다른 머신러닝 방법들을 큰 차이로 물리치고 ImageNet 경진대회에서 우승하였다. 많은 사람은 이 승리를 "딥러닝 혁명"의 시작이라 평가하며 객관적으로 딥러닝의 우수성을 알게 되었다.

최근에는 딥러닝은 컴퓨터 영상 및 음성인식, 자연어 처리, 소셜 네트워크 필터링, 기계 번역 등에 좋은 성과를 나타낸다. 이렇게 딥러닝의 배경 및 성공 원인은 다음과 같다.

(1) 알고리즘 : 기존 신경망에서 은닉층의 개수를 늘려 기존 모델의 한계가 극복되었다. 노이즈를 포함한 과도하게 학습하여 정답률이 저하되는 문제를 해결하였다.

(2) 빅 데이터(Big Data) : 대량으로 쏟아져 나오는 데이터들을 수집하기 위한 노력 특히 SNS 사용자들에 의해 생산되는 다량의

자료와 태그 정보들 모두가 종합되고 분석되어 학습에 이용될 수 있게 되었다.

(3) 하드웨어의 발전 : 강력한 그래픽처리장치(GPU : Graphics Processing Unit)의 능력향상으로 딥러닝에서 복잡한 행렬 연산에 소요되는 시간을 크게 단축시켰다.

본격적으로 딥러닝이란 용어가 사용된 것은 2000년대 딥러닝의 중흥기를 이끈 힌튼 등에 의해서이다. 2006년 캐나다 토론토대학의 힌튼(Hinton) 교수는 다층 신경망에다 학습을 통한 전처리 과정을 추가한 딥러닝 기법을 발표했다. 이후 그는 제자인 뉴욕대학의 얀 러쿤(Yann LeCun) 교수와 몬트리올 대학의 요수아 벤지오(Yoshua Bengio) 교수 등과 함께 딥러닝 기술을 더욱 발전시켰다.

2018년 그들이 공로를 인정받아 컴퓨터학계의 노벨상이라 여겨지는 영예로운 튜링상(Turing Award)을 공동 수상하였다. 딥러닝 분야 선구자이자 세계 최고의 AI 석학으로 불리는 요슈아 벤지오, 제프리 힌튼, 얀 러쿤이 함께 미 컴퓨터협회(ACM) 2021년 저널 7월호에 'AI를 위한 딥러닝(Deep Learning for AI)'이라는 논문을 발표했다.

▼ 그림 3-10 2018년 튜링상 수상 : 요슈아 벤지오, 제프리 힌튼, 얀 러쿤 모습.

출처 : ACM 공식유튜브 채널.

이들은 논문에서 인간이나 동물과 다른 딥러닝 학습 방법에 대한 설명부터 문제점, 이를 해결해 발전하는 미래까지 제시했다. 이 논문에서 라벨링 과정 없이도 탄생한 트랜스포머(Transformer) 신경망 아키텍처를 예로 들어 설명했다. 트랜스포머는 무(無)감독 학습을 통해 표현을 개발하고, 그 표현을 불완전한 문장에 적용해 빈칸을 채운다.

구글은 지난 2018년 이 같은 트랜스포머 신경망 구조를 활용해 자연어 처리 모델 버트(BERT)를 개발·공개했다. 이들은 합성곱 신경망(CNN)과 트랜스포머를 결합하면 언어 스크립트를 보고 사전에 표시된 영역의 내용을 예측하였다(AI타임스, http://www.aitimes.com).

3. 머신러닝과 딥러닝의 차이점

머신러닝과 딥러닝을 비교해 보면, 머신러닝은 데이터 크기에 있어서 작은 데이터의 집합이며 처리하는 컴퓨터도 일반 컴퓨터로 가능하며, 처리 시간도 짧게 소요된다. 이에 비해 딥러닝은 통산 은닉층의 개수가 많아 학습 시간이 오래 소요되나 좋은 결과를 얻을 수 있는 장점이 있다.

표 3-3 머신러닝과 딥러닝의 특징 비교

구 분	머신러닝	딥러닝
데이터 크기	작은 데이터 집합	보다 훨씬 많은 데이터집합
하드웨어 최소사양	일반 컴퓨터 (CPU로 가능)	강력한 컴퓨터 (GPU 필수)
처리 시간	몇 분 ~ 수 시간	몇 주까지도 걸림
프로그래머의 도움	레이블링 등 요구됨	신경망 구축외 요구되지 않음
출력	어떤 카테고리인지 라벨이 출력	자유로운 형태로도 가능

머신러닝과 딥러닝은 분류 방식에서 차이점을 보인다. 머신러닝은 입력이 주어지면 인간이 특징 선택하고 분류하여 차인지 아닌지를 판단한다. 그러나 딥러닝에 있어서는 데이터 속에서 스스로 특징 추출과 분류가 자동으로 이루어지고 그 물체가 차인지 아닌지를 판단한다. 딥러닝은 머신러닝보다도 훨씬 많은 데이터를 활용하여 대규모 데이터가 필요한 동영상, 음성의 인식 같은 분야에서 주목을 받고 있다.

▼ 그림 3-11 머신러닝과 딥러닝의 비교

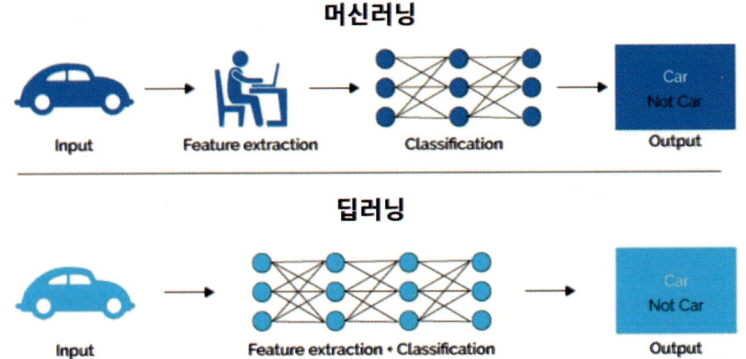

출처 : 천인국(2020), 재구성.

4. 딥러닝의 알고리즘

딥러닝 모델을 구축할 때 자주 사용되는 대표적인 알고리즘인 인공신경망은 합성곱 신경망, 순환 신경망, 심층 신뢰 신경망, 생산적 적대 신경망 등이 있다. 세계 각국에서 새로운 딥러닝 모델들이 생겨나고 있는데 이곳에서는 합성곱 신경망, 순환 신경망 위주로 간단히 설명하고자 한다.

▌표 3-4 딥러닝 심층신경망 종류 및 용도

모델의 종류	주요 용도
합성곱 신경망	사물 인식, 사람 인식, 컴퓨터 비전
순환 신경망	음성인식, 작곡, 주가 예측
심층 신뢰 신경망	글씨와 음성의 인식
생산적 적대 신경망	영상과 음성의 복원

출처 : 김대수(2020).

1) 합성곱 신경망(CNN : Convolutional Neural Network)

합성곱 신경망은 사람의 시신경 구조를 모방한 구조로써, 영상의 분석이나 영상을 인식할 때 주로 사용되는 심층신경망이다. 이는 합성곱(Convolution) 연산을 사용하는데, 합성곱을 사용하면 3차원 데이터의 공간적 정보를 유지한 채 다음 층으로 보낼 수 있다. 입력된 데이터에서 지식을 추출하여 학습하는 기존방식과는 달리 데이터에서 특징을 추출하고 특징들의 패턴을 파악하는 구조이다.

입력한 데이팅의 특징을 추출하는 과정은 이미지의 픽셀값들을 행렬로 변환한 데이터에 필터를 곱하여 외곽선 등과 같은 특징들을 하나씩 추출한다. 이 과정을 합성곱(Convolution)이라 한다. 추출된 특징은 폴링(pooling)이라는 과정을 거쳐 불필요한 요소를 제거하고 정교한 데이터를 모델에 제공한다.

합성곱 신경망은 알파고에서도 이용되는데, 프로기사들이 바둑 기보를 딥러닝으로 학습한 후 머신러닝의 게임 트리 방식을 적용하며 이미지 분류와 같이 얼굴 인식, 사물 인식, 사람 인식 등에서 많이 사용된다.

▼ 그림 3-12 고양이 인식의 예

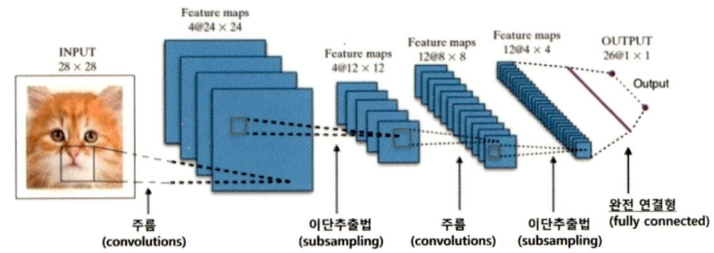

출처 : http://aidev.co.kr/deeplearning/782

2) 순환 신경망(RNN : Recurrent Neural Network)

순환 신경망은 Recurrent 단어 그대로 반복되는 신경망이다. 즉, 스스로를 반복하면서 이전 단계에서 얻은 정보가 지속되도록 한다. 순차적 정보가 담긴 데이터에서 규칙적인 패턴을 인식하고, 추상화된 정보를 추출할 수 있는 모델이다.

노드간의 연결이 순환적인 구조를 가지는 것이 특징으로 필기체 인식이나 음성인식과 같이 시간에 따라 변하는 특징을 가지는 데이터를 잘 처리한다. 예를 들어 시스템에 문자를 입력할 때, 시스템에 따라서 "He"를 탭하면 컴퓨터는 "He", "Hello", "Here" 등을 제안한다. 순환 신경망은 본질적으로 복잡한 알고리즘을 기반으로 문자열을 상호 전달하는 신경망이다.

구글은 2016년 구글 신경망 기계번역팀을 만들어 딥러닝으로 전환하였으며 구글 번역을 통해 다른 언어를 사용하는 환자를 돕는 의사를 돕는 역할 등을 수행하였다.

▼ 그림 3-13 순환 신경망 모델

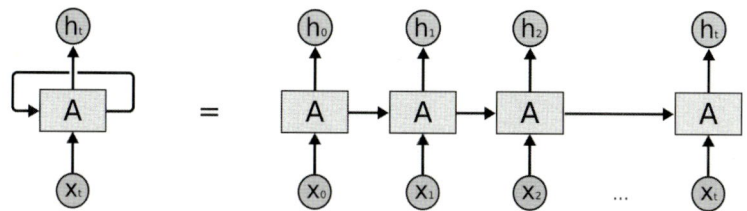

출처 : https://velog.io/@sksmslhy/RNN

A는 입력으로 X_t를 받아 h_t를 출력한다. A를 둘러싼 반복은 다음 단계에서의 network가 이전 단계의 정보를 받는다는 것을 의미한다. 왼쪽의 반복을 풀어서 보면 오른쪽이 된다. 이전 단계에서의 정보가 다음 단계에서 사용된다. 순환 신경망은 음성인식, 작곡, 주가 예측 등에서 많이 사용된다.

5. 딥러닝의 활용과 응용 (출처 : 한국기술교육대학원, 2022)

1) 응용 1 : 컴퓨터 비전 및 패턴 인식

가. 유명 인물 재현하기

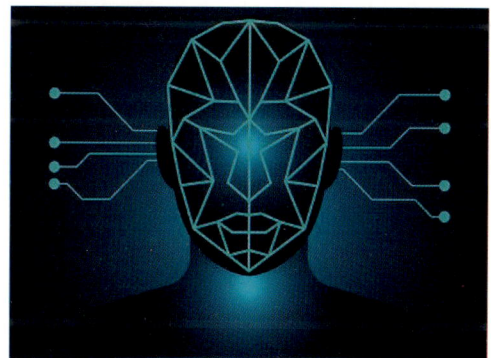

나. 흑백사진과 영상에 색 재현하기

다. 스타일 픽셀 복원

라. 새로운 이미지 만들기

마. 사진 설명

2) 응용 2 : 로봇, 자율주행차
  가. Boston Dynamics Autonomous Robot

  나. 자율주행 자동차

3) 응용 3 : 음성

    가. 음악 작곡

    나. 비디오 소리 복원하기

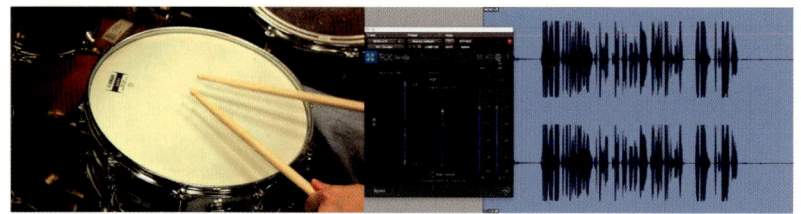

4) 응용 4 : Art, 기타

    가. 유명작가 작품 따라하기

나. 선거결과 예측

6 딥러닝의 활용과 연구 동향

세계적인 IT 기업들이 딥러닝 연구와 개발을 위해 과감하게 투자하고 있으며, 구글, 페이스북, 아마존 등이 연구개발에 노력하고 있다.

1) 구글(Google)

구글은 음성인식과 번역을 비롯한 인공지능 시스템 개발에 딥러닝 기술을 적용하고 있다. 2012년 컴퓨터가 고양이를 영상을 인식하는 데 성공하였고, 2013년에는 힌튼 교수를 영입하여 음성인식, 유튜브 추천 등 다양한 영역에서 딥러닝 기술을 이용하고 있다. 또한 텐서플로 소스를 공개하여 이 분야에서 선두 주자를 달리고 있고, 2018년에는 Tensor Processing Unit(TPU)의 세 번째 버전을 발표했다.

2) 페이스북(Facebook)

페이스북은 2014년 딥러닝 기술을 활용하여 '딥페이스(DeepFace)'라는 얼굴인식 알고리즘을 개발하였으며, 개발한 번역을 위한 인공지능 도구인 'Translator'는 하루에 수십억 개 이상의 번역을 수행하고 있다. 페이스북은 인텔과 함께 AI 칩을 만들기 위해 힘을 합쳤다.

7. 딥러닝의 한계

최근 들어 딥러닝은 신경망 모델을 개량한 학습 알고리즘으로 문자인식, 음성인식, 영상인식 등 동영상으로부터의 영상을 추출하여 인식하는 등 많은 발전을 이루었다.

그러나 딥러닝은 아직도 상당한 제한점을 가지고 있다. 인간의 상식 또는 몸의 경험을 축적한 인간의 암묵지 학습에 취약하고, 일반화에 취약하다. 또한 언어의 심볼 그라운딩 문제의 한계, 열린(open-ended) 문제에 취약 등을 여전히 많은 한계를 갖고 있다(한국기술교육대학, 2022).

3장 참고문헌

1. 김대수. (2019). 처음 만나는 인공지능. 생능출판.
2. 김의중(2016). 인공지능, 머신러닝, 딥러닝 입문, 위키북스
3. 김정환·박노일. (2022). 비전공자의 인공지능 입무. 홍릉.
4. 남상엽·이규태·안병규·강민구. (2020). 인공지능 기술. 상학당.
5. 마쓰오유타카. (2015). 인공지능과 딥러닝. 동아엠앤비.
6. 비바버튼. (2018). 머신러닝 시스템의 종류와 텐서플로우 알고리즘 종류.
7. 이광호. (2019). 인공지능의 기본. 아이뉴턴.
8. 이현기. (2022). 인공지능(AI) 기초 다지기 1편.
9. 장동민. (2020.06.07). BI korea, "인공지능이 뭔가요?".
10. 장준혁. (2018.8.17). 스스로 학습하는 인공지능.
11. 조영임. (1999). 최신 인공지능. 학문사.
12. 천인국. (2020). 인공지능. 인피니트북스.
13. 최성. (2021). 4차 산업혁명의 핵심 인공지능. 광문각.
14. 한국기술교육대학원. (2022). 인공지능 기술 및 서비스 이해
15. 한선관 외. (2021). 인공지능 그림책. 성안당.
16. 현지원. (2020.1.20.). 머신러닝의 개요.
17. LG경제연구원(2017). 최근 인공지능 개발 트렌드와 미래의 진화 방향 Tom Taulli. 융환승역. (2020). 인공지능 베이직. 휴먼싸이언스.
18. LG CNS (2017.11.08.). (Creative & Smart) "부족한 데이터로 하는 머신러닝! '전이 학습'".
19. IITP(2018). 4차 산업혁명 시대, 우리의 인공지능 현황.
20. 뉴시스(2018.05.22). "[AI시대] 기술·인재 잡아라... 韓 기업들 투자에 한창"
21. 아주경제(2018.06.25). "서울대 장병탁 교수팀, 美 '인공지능 질의

응답 대회' 준우승"

22. 전자신문(2018.05.01). "영국 인공지능 육성에 민·관 합동 10억 파운드 투자"

23. 조선비즈(2018.08.23.). "기계가 인간 뛰어넘는 특이점, 2035년이면 온다"

24. 중앙일보(2017.09.26). "석학에게 10분 만에 배우는 인공지능의 '현재'"

25. 한겨레(2017.09.18). "인공지능이 인간 한계 넘어 제3의 생명역사 열까"

26. 한국경제(2018.09.11). "글로벌 기업 'AI 인재' 쟁탈전… 학술대회는 '스카우트의 場'"

27. ZDNet Korea(2018.06.22). "네이버 '스타간' 논문, CVPR 상위 2% 내 선정"

제**4**장

인공지능(AI) 개발 언어(파이썬)와 도구(텐서플로우)

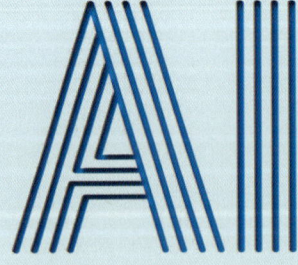

제1절 인공지능 개발 언어
제2절 파이썬(Python) 언어
제3절 인공지능 구현도구 : 텐서플로우(TensorFlow) 기초

SECTION 1 인공지능 개발 언어

1. 인공지능 개발 프로그래밍 언어

현재 인공지능(AI : Artificial Intelligence)은 컴퓨터 과학에서 고도의 전문성을 요구하는 기술 분야 중 하나로 애플리케이션 개발자에게 무한한 가능성을 제공한다. 머신러닝 혹은 딥러닝을 활용, 더 정확한 개인 맞춤 설정, 더 스마트한 검색 또는 지능형 비서를 구현하거나 다양한 방법으로 앱을 개선할 수 있다. 또한 예전에는 생각 못했던 획기적인 애플리케이션을 만들 수도 있다.

최근 인공지능 개발 분야가 빠르게 성장하고 있는데, 어떠한 프로그래밍 언어를 선택해야 할까? 인간처럼 생각하고 행동할 수 있는 프로그램을 만드는 것은 쉬운 일이 아니며, 이상적인 프로그래밍 언어를 선택해야 한다. 물론 기본적으로 머신러닝과 딥러닝 라이브러리가 충실하고 풍부한 언어가 좋다. 또한 우수한 성능, 충실한 툴(Tool) 지원, 대규모 프로그래머 커뮤니티, 건강한 패키지 생태계도 필요하다.

인공지능 개발을 위한 최적의 프로그래밍 언어와 인기 상승 혹은 하락세인 언어도 있다. 이곳에서는 주요한 몇 개의 언어를 살펴보고 특히 최고의 인기를 누리고 있는 파이썬 프로그래밍 언어를 상세히 소개하고자 한다.

첫번째, **파이썬**은 인공지능에 널리 사용되는 언어이며 자연 언어 처리, 인공신경망 등 머신러닝, 딥러닝 프레임워크에 사용되며 인공지능 분야의 거의 모든 사람이 추천하는 언어이다. 특히 파이썬은 단순성 때문에 모든 언어 중 1위로 꼽히고 있다. 파이썬의 구문은 매우 간단하고 배우기가 쉬워 다양한 인공지능 알고리즘을 쉽게 구현할 수 있다. 자바, C와 같은 다른 언어에 비해 개발 시간이 짧고 배우기 쉽다는 장점이 있다. 파이썬은 다용도 언어로 객체지향, 기능 및 절차 프로그래밍 등을 지원한다. 파이썬은 다양한 AI 라이브러리를 지원하고 있다.

두번째, **C언어**는 다른 프로그래밍보다 속도가 빠르며 코드 실행 시간을 단축할 수 있다. 따라서 일정상 촉박한 인공지능 프로젝트에 유용하다. 실제로 머신러닝과 딥러닝 라이브러리의 상당 부분은 C로 작성되어 있다. 실행 시간과 성능을 통제하는 데에 매우 적합하다. C의 템플릿은 유형 상 안전하고, API(Application Programming Interface)를 일반화하기에 적합하다. 또한 대부분을 단순화하는 데 매우 강력한 기술이나, 적절한 활용을 익히기 위해선 많은 시간과 경험이 필요하다. C를 사용하는 대표적인 응용프로그램에는 마이크로소프트 윈도우, 맥 OS, 어도비 포토샵, 마야 3D 소프트웨어, CAD, Mozilla Firefox 등이 있다. AI 애플리케이션이 초소형 임베디드 시스템부터 거대한 클러스터에 이르기까지 모든 디바이스에 걸쳐 확산되면서 C는 핵심 요소가 되고 있다. AI는 정확하고도 빨라야 한다.

세번째, **자바**는 자바 8 이상 버전부터는 많은 이들이 기억하는 지루한 코딩 경험에서 벗어났다. AI 애플리케이션을 작성하는 과정은 다소 지루하지만 소기의 목적은 달성할 수 있으며 개발, 배포, 모니터링을 위한 기존의 모든 자바 인프라를 사용할 수 있다. 또한 구글 TensorFlow는 계속 개선되면서 케라스(Keras) 및 텐서플로우 모델을 브라우저에 배포하거나, GPU 가속 계산을 위해 웹을 사용해서 배포하는 등 흥미로운 방법을 제공한다. 다만 TensorFlow가 출범한 이후에도 개발자들이 대대적으로 AI 영역으로 밀려드는 일은 아직 발생하지 않았다. 따라서 생태계의 라이브러리가 파이썬과 같은 언어에 비해 아직 많지 않은 것이 이유일 수 있다. 또한 서버 측에서는 파이썬에 비해 실질적인 이점이 별로 없다. 따라서 당분간 주로 브라우저 기반으로 남을 가능성이 크다.

네번째, **스위프트(Swift)**로 최근 스위프트를 주목해야 할 언어로 언급되는데, 이유는 바로 텐서플로우용 스위프트의 등장이다. 최신, 텐서플로우 기능을 완전한 형식으로 바인딩하고, 파이썬 라이브러리를 가져올 수 있는 마술 같은 기능을 제공한다. 현재 스위프트 버전의 라이브러리를 개발 중이며, 모델 생성과 실행에 관해 많은 최적화가 더 이뤄질 것으로 기대된다.

다섯번째, **R언어**는 데이터 과학자들이 선호하는 언어다. 전담 R 개발자 그룹이 있다면 연구, 프로토타이핑, 실험을 위해 텐서플로우, 케라스 등과의 통합을 사용하는 것은 좋지만 성능과 운영 측면에 대한 우려 사항 탓에 프로덕션 용도 또는 미개척지 개발에서 R을 선뜻 추천하기는 어렵다. R 프로토 타입을 가지고 와서 자바나 파이썬으로 다시 코딩하는 편이 더 쉽다.

여섯번째 **루아(Lua)**로 연구와 프로덕션에서 가장 인기 있는 머신 러닝 라이브러리 중 하나인 토치 프레임워크 덕분에 인공지능 분야에서 주가가 치솟은 적이 있다. 딥러닝 모델의 역사를 공부한다면 대부분 토치에 대한 방대한 참조와 풍부한 소스 코드를 발견하게 된다.

일곱번째, **줄리아(Julia)**는 특별한 분리 컴파일 없이 고성능 퍼포먼스로 수치 분석과 연산 과학을 다루도록 설계되었다. Julia는 수학에 깊게 기반을 두고 있는데, 포괄적인 맞춤성이 있어 데이터 분석가들이 적극적으로 활용한다. 이 언어를 사용하면 연구 논문에서 알고리즘을 번역해 손실 없이 코드화하는 것이 용이하다. 모델 리스크를 줄이고, 안정성이 향상시킬 수 있다. 커뮤니티는 Julia의 중요한 요소 중 하나인데, 오픈 소스 언어로 IBM, Intel, NVIDIA, ARM을 포함해 거의 모든 종류의 하드웨어에서 실행 가능하다. Julia는 파이썬, R의 친숙한 구문과 C의 빠른 속도로 결합할 수 있어 개발자들이 한 가지 프로그래밍 언어로 모델을 변환할 필요가 없어진다. 이를 통해 오류를 줄이고, 시간과 비용을 줄일 수 있다.

표 4-1 인공지능 개발 주요 언어 종류

언어 종류	정의 및 주요 내용	비고
파이썬 (Python)	• 인공지능에 널리 사용되는 언어, 개발 언어 중 1위 • 머신러닝, 딥러닝 프레임워크에 사용 • 다른 언어에 비해 개발 시간이 짧고, 배우기 쉬움 • 다양한 AI 라이브러리를 지원, Pybrain와 Numpy 등	
C 언어	• 다른 언어보다 속도가 빠르며 코드 실행 시간을 단축 • 시간에 민감한 인공지능 프로젝트에 유용 • 실제로 머신러닝과 딥러닝 라이브러리의 대부분은 C로 작성 • 실행 시간과 성능을 통제하는 데에 매우 적합 • 대표적인 응용프로그램에는 윈도우, 맥 OS, 어도비 포토샵 등이 있음	
자바(Java) 및 자바 스크립트	• 대대적으로 AI 영역으로 밀려드는 일은 아직 발생하지 않음 • 주변 생태계의 라이브러리가 다른 언어에 비해 많지 않음 • 애플리케이션은 주로 브라우저 기반으로 남을 가능성	
스위프트 (Swift)	• 최근 주목해야 할 언어, 이유는 바로 텐서플로우용 스위프트의 등장 • 최고의 텐서플로우 기능을 완전한 형식으로 바인딩 • 마치 파이썬을 사용하는 것처럼 파이썬 라이브러리를 가져옴 • 현재 스위프트 버전의 라이브러리를 개발 중	
R 언어	• 데이터 과학자들이 선호하는 언어 • 텐서플로우, 케라스 등과의 통합을 사용하는 것은 좋지만 선뜻 추천하기는 어려움	
루아(Lua)	• 토치 프레임워크 덕분에 주가가 치솟은 적이 있음 • 딥러닝 모델 대부분 토치에 대한 방대한 참조와 풍부한 소스코드	
줄리아 (Julia)	• 특별한 분리 컴파일 없이 고성능 퍼포먼스로 수치 분석과 연산 과학을 다루도록 설계 • 수학에 깊게 기반, 데이터 분석가들이 적극적으로 활용 • 커뮤니티는 중요한 요소 중 하나	

SECTION 2 파이썬(Python) 언어

1. 파이썬(Python)의 정의 및 특징

1) 파이썬(Python)의 정의

파이썬은 1991년 네덜란드 귀도 반 로섬(Guido Van Rossum)이 개발한 인터프리터 언어이다. 파이썬이라는 이름은 영국의 6인조 코미디 그룹 몬티 파이썬에서 따왔다고 한다. 영어 문법과 비슷해서 읽고 쓰기 쉬운 특유의 문법과 이 점에 매료된 프로그래머들로부터 만들어진 수많은 패키지 덕분에 2010년대 중반부터 전 세계에서 가장 많이 사용되는 프로그래밍 언어 중 하나가 되었다.

파이썬의 의미는 고대 신화에서 동굴에 살던 큰 뱀을 뜻하며, 아폴로 신이 델파이에서 파이썬을 퇴치했다는 이야기가 전해지고 있다.

▼ 그림 4-1 파이썬의 아이콘

문법이 매우 쉬워서 작성하기에 간단하기 때문에 초보자들이 처음 프로그래밍을 배울 때 추천되는 언어이다. 현시점에서 어느 정도 규모가 있는 컴퓨터 프로그램은 파이썬이 들어가지 않은 것이 없다고 생각하면 좋다. 구글의 앱 엔진, 유튜브, 넷플릭스 등은 물론이고 이외에도 셀 수 없이 많은 프로그램, 서비스들이 파이썬과 관련 프레임워크들을 이용해 제작되었다.

또한 파이썬 프로그램은 공동 작업과 유지 보수가 매우 쉽고 편하다. 국내에서도 그 가치를 인정받아 사용자층이 더욱 넓어지고 있고, 파이썬을 사용해 프로그램을 개발하는 업체들 또한 늘어 가고 있는 추세이다.

2) 파이썬 특징
(1) 인간다운 언어이다
프로그래밍이란 인간이 생각하는 것을 컴퓨터에 지시하는 행위라고 할 수 있다. 파이썬은 사람이 생각하는 방식을 그대로 표현할 수 있는 언어이다. 따라서 프로그래머는 굳이 컴퓨터의 사고 체계에 맞추어서 프로그래밍하려고 애쓸 필요가 없다.

다음 소스 코드를 보면 이 말이 쉽게 이해될 것이다.

　　if 7 in [1, 2, 3, 4, 5, 6, 7] : print ("7가 있습니다")

위 예제는 다음처럼 읽을 수 있다.
만약 7가 1, 2, 3, 4, 5, 6, 7중에 있으면 "7가 있습니다"를 출력한다.

(2) 문법을 쉽게 배울 수 있다
문법 자체가 아주 쉽고 간결하며 배우기 쉬운 언어, 활용하기 쉬운 언어이다.

유명한 프로그래머인 에릭 레이먼드(Eric Raymond)는 파이썬을 배우고 하루 만에 자신이 원하는 프로그램을 작성할 수 있었다고 한다. 프로그래밍 경험이 조금이라도 있다면 파이썬의 사용 방법 등을 익히는 단기간이면 충분하다.

(3) 무료이지만 강력하다

오픈 소스인 파이썬은 사용료 걱정 없이 언제 어디서든 파이썬을 다운로드하여 사용할 수 있다. 또한, 프로그래머는 만들고자 하는 프로그램의 대부분을 파이썬으로 만들 수 있다. 물론 시스템 프로그래밍이나 하드웨어 제어와 같은 매우 복잡하고 반복 연산이 많은 프로그램은 파이썬과 어울리지 않는다. 하지만 이러한 약점을 극복할 수 있게끔 다른 언어로 만든 프로그램을 파이썬 프로그램에 포함시킬 수 있다.

파이썬과 C는 접착(glue) 언어라고 한다. 즉 프로그램의 전반적인 뼈대는 파이썬으로 만들고, 빠른 실행 속도가 필요한 부분은 C로 만들어서 파이썬 프로그램 안에 포함시키는 것이다. 사실 파이썬 라이브러리 중에는 C로 만든 것도 많다. C로 만든 것은 대부분 속도가 빠르다. 파이썬 라이브러리는 파이썬 프로그램을 작성할 때 불러와 사용할 수 있는 미리 만들어 놓은 파이썬 파일 모음이다.

(4) 간결하다

귀도는 파이썬을 의도적으로 간결하게 만들었다. 파이썬 문법에도 그대로 적용되어 파이썬 프로그래밍을 하는 사람들은 잘 정리되어 있는 소스 코드를 볼 수 있다. 다른 사람이 작업한 소스 코드도 한눈에 들어와 이해하기 쉽기 때문에 공동 작업과 유지 보수가 아주 쉽고 편하다.

(5) 개발 속도가 빠르다

"Life is too short, You need python."(인생은 너무 짧으니 파이썬이 필요해.) 파이썬의 엄청나게 빠른 개발 속도를 두고 한 표현이다.

2. 파이썬으로 할 수 있는 일

1) 시스템 유틸리티 제작

파이썬은 운영체제(윈도우, 리눅스 등)의 시스템 명령어를 사용할 수 있는 각종 도구를 갖추고 있기 때문에 이를 바탕으로 갖가지 시스템 유틸리티를 만드는 데 유리하다. 실제로 시스템에서 사용 중인 서로 다른 유틸리티성 프로그램을 하나로 뭉쳐서 큰 힘을 발휘하게 하는 프로그램들을 무수히 만들어낼 수 있다.

2) GUI 프로그래밍

GUI(Graphic User Interface) 프로그래밍이란 화면에 윈도우 창을 만들고 그 창에 프로그램을 동작시킬 수 있는 메뉴나 버튼, 그림 등을 추가하는 것이다. 프로그래밍을 위한 도구들이 잘 갖추어져 있어 GUI 프로그램을 만들기 쉽다.

3) C/C++와의 결합

파이썬은 접착(glue) 언어라고도 부르는데, 다른 언어와 잘 어울려 결합해서 사용할 수 있기 때문이다. C나 C^{++}로 만든 프로그램을 파이썬에서 사용할 수 있으며, 파이썬으로 만든 프로그램 역시 C나 C^{++}에서 사용할 수 있다.

4) 웹 프로그래밍

일반적으로 익스플로러나 크롬, 파이어폭스 같은 브라우저로 인터넷을 사용하는데, 웹 서핑을 하면서 게시판이나 방명록에 글을 남겨 본 적이 있을 것이다. 그러한 게시판이나 방명록을 바로 웹 프로그램이라고 한다. 실제로 파이썬으로 제작한 웹 사이트는 셀 수 없을 정도로 많다.

5) 수치 연산 프로그래밍

사실 파이썬은 수치 연산 프로그래밍에 적합한 언어는 아니다. 하지만 파이썬은 수치 연산 모듈을 제공한다. 이 모듈은 C로 작성했기 때문에 파이썬에서도 수치 연산을 빠르게 할 수 있다.

6) 데이터베이스 프로그래밍

파이썬은 사이베이스(Sybase), 인포믹스(Infomix), 오라클(Oracle), 마이에스큐엘(MySQL), 포스트그레스큐엘(PostgreSQL) 등의 데이터베이스에 접근하기 위한 도구를 제공한다. 또한 이런 데이터베이스를 직접 사용하는 것 외에도 피클(pickle)이라는 모듈의 도구가 하나 더 있다. 피클은 파이썬에서 사용하는 자료를 변형 없이 그대로 파일에 저장하고 불러오는 일을 맡아 한다.

7) 데이터 분석, 사물 인터넷

파이썬으로 만든 판다스(Pandas) 모듈을 사용하면 데이터 분석을 더 쉽고 효과적으로 할 수 있다. 데이터 분석할 때 아직까지는 데이터 분석에 특화된 'R'이라는 언어를 많이 사용하고 있지만, 판다스가 등장한 이후로 파이썬을 사용하는 경우가 점점 증가하고 있다.

사물 인터넷 분야에서도 파이썬은 활용도가 높다. 한 예로 라즈베리 파이(Raspberry Pi)는 리눅스 기반의 아주 작은 컴퓨터이다. 라즈베리 파이를 사용하면 홈시어터나 아주 작은 게임기 등 여러 가지 재미있는 것들을 만들 수 있는데, 파이썬은 이 라즈베리파이를 제어하는 도구로 사용된다. 예를 들어 라즈베리파이에 연결된 모터를 작동시키거나 LED에 불이 들어오게 하는 일을 파이썬으로 할 수 있다.

3. 파이썬(Python)의 설치 방법

1) 설치하는 방법

첫 번째, python.org 에서 다운받아서 설치

일반적인 방법이지만, 공식 사이트에서 패키지를 받아서 설치하는 방법이 있다.

두 번째, 마이크로소프트 스토어 사용하기

마이크로소프트 스토어 앱을 켜고 파이썬으로 검색한다.

세 번째, 아나콘다 사용하기

아나콘다는 데이터 과학자를 위한 패키지 프로그램인데, 파이썬이 포함되어 있다. 데이터 과학 쪽에 관심이 있는 사람은 아나콘다를 설치하는 것이 편리할 것이다.

네 번째, 패키지 매니저를 사용하여 설치하기

다섯 번째, wsl + pyenv를 사용하여 python 사용하기

첫 번째 python.org에서 다운받아서 설치하는 방법만 시연하고자 한다. 많은 사람이 알고 있는 방법으로, 공식 사이트에서 패키지를 받아서 설치하는 방법이 있다. 파이썬 공식 사이트의 다운로드 탭에서 파이썬을 다운로드받을 수 있다(https://www.python.org/).

(1) Python 다운로드 페이지에서 윈도우용 Python을 다운로드한다.

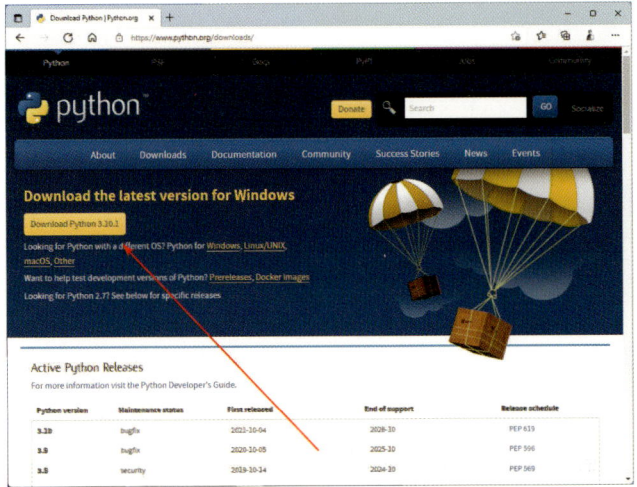

(2) 다운로드한 파일을 실행시킨다. 기본 설정 그대로 설치해도 되고, 변경을 해도 된다. [Add Python to PATH]에 체크하면 좋고, 여러 계정에서 사용할 것이라면 [Costomize installation]을 클릭한다.

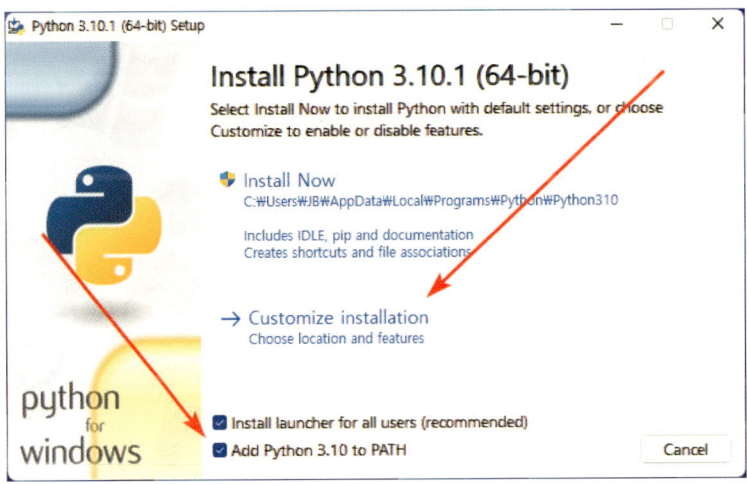

(3) [Next]를 클릭한다

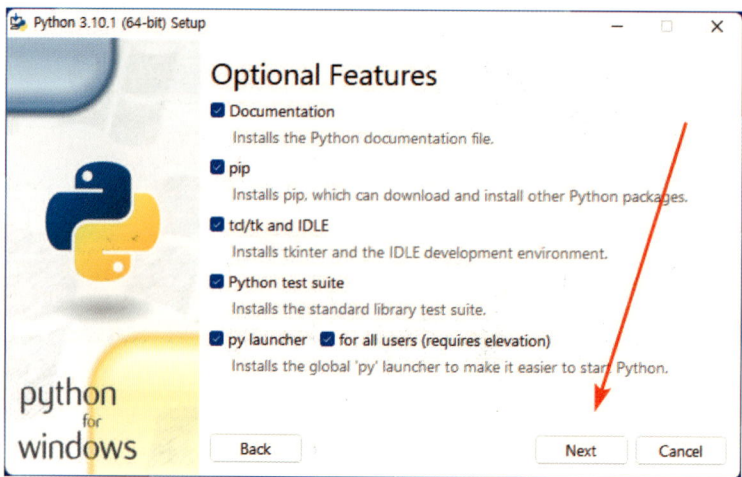

(4) [Install for all users]에 체크하고 설치한다.

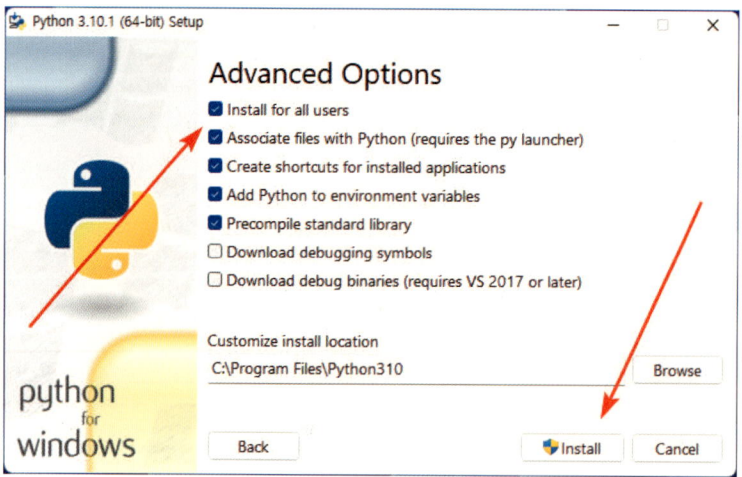

(5) 설치를 완료하면 [Close]를 클릭한다.

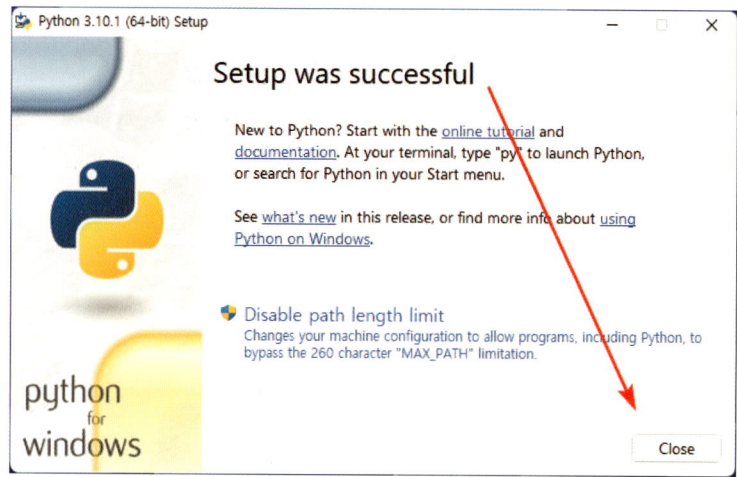

2) 파이썬(Python)의 설치 검증
(1) 설치된 파이썬 확인

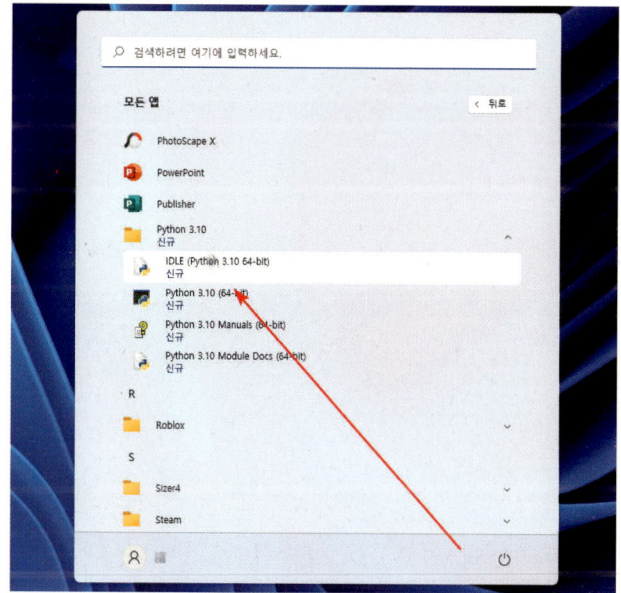

(2) 다음과 같은 창에서...

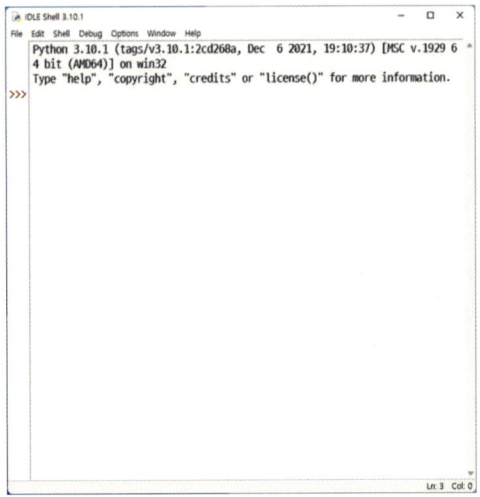

(3) print("Hello World")를 입력하고 엔터키를 눌렀을 때 Hello World가 출력되는지 확인한다

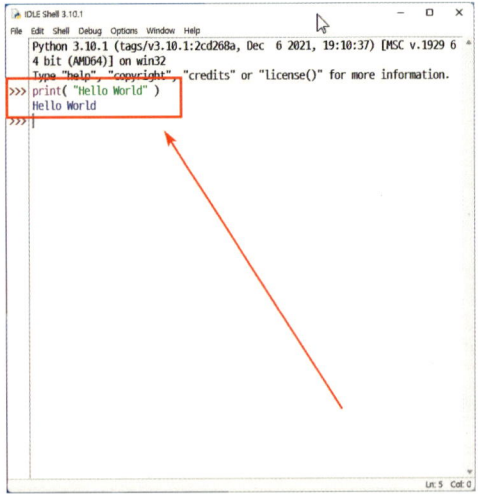

4. 파이썬 문법

1) 블록 처리 규칙

보통 다른 언어에서는 중괄호를 블록 단위로 사용하지만, Python 에서는 중괄호 대신 들여쓰기를 사용한다. 이 들여쓰기 문법 때문에 공식 코딩 가이드에서는 소스 코드 들여쓰기에 탭(Tab) 문자 대신 공백(Space) 4문자 넣기를 매우 강력히 권장한다.

파이썬의 문법에서 보통 C 등에서 쓰이는 괄호를 이용한 블록 구조를 대신한 것으로 줄마다 처음 오는 공백으로 눈에 보이는 블록 구조가 논리적인 제어 구조와 일치하게 하는 방식이다. 아래는 C와 파이썬으로 재귀 호출을 사용한 계승을 계산하는 함수를 정의한 것이다.

- 파이썬

```
def factorial (x):
    if x ==0 :
        return 1
    else :
        return x *factorial (x-1)
```

- 들여쓰기가 잘 된 C

```
int factorial (int x){
    if (x ==0)    {
        return 1 ;
    }    else    {
        return x *factorial (x-1);
    }
}
```

이렇게 비교해 보면 파이썬과 "정리되어 들여쓰기가 된" C 언어와는 차이가 거의 없어 보인다. 그러나 여기서 중요한 것은 위쪽의 C 형식은 가능한 여러 스타일 가운데 하나일 뿐이라는 사실이다.

즉, C로는 똑같은 구문을 다음과 같이 쓸 수도 있다.

- 읽기 어렵게 쓰인 C

```
int factorial (int x){
  if (x==0){return 1 ;}else
  {return x *factorial (x-1);}}
```

파이썬으로는 이렇게 쓰는 것을 허용하지 않는다. 파이썬에서 들여쓰기는 한 가지 스타일이 아니라 필수적인 문법에 속한다. 파이썬의 이러한 엄격한 스타일 제한은 쓰는 사람과 관계없이 통일성을 유지하게 하며, 그 결과 가독성이 향상될 수 있는 장점이 있지만, 다른 한편으로는 프로그램을 쓰는 스타일을 선택할 자유를 제약하는 것이란 의견도 있다.

C와 다르지만 아래와 같이 줄바꿈을 하지 않고 사용할 수도 있다. 다음과 같이 한 줄로 작성하여 표현하는 것을 'pythonic 하다'라고 말할 수 있다.

```
def factorial (x):
    return 1 if x ==0 else x *factorial (x-1)
```

이곳에서는 파이썬의 기초문법에 관해 (1) 내장 자료형, (2) 제어문 : if, elif, else(조건문), (3) 제어문 : for, while(반복문), (4) 함수(Function)를 살펴본다.

2) 파이썬 기초문법

파이썬의 기초문법으로써 자료형, 조건문, 반복문, 함수 등을 간략히 살펴본다. 주요 자료형은 정수형, 실수형, 문자열형 등이 있고, 조건 선택의 구조인 if문 또는 if-else문으로 나타내고, 반복구조는 for문 또는 while문으로 나타낸다. 프로그램 크기가 증가하고 복잡해지면 관련된 작업을 수행하는 부분은 묶어서 정리하는 것이 필요하다. 이런 경우에 함수를 사용하면 이해하기 쉬운 프로그램을 작성할 수 있다.

(1) 파이썬 내장 자료형

파이썬에서는 자료를 손쉽게 다룰 수 있도록 내장 자료형을 제공한다. 기억장소의 크기, 저장 데이터의 형태, 저장 방식, 값의 범위 등으로 구분하며 동적 자료형을 지원하기 때문에 직접 설정할 필요가 없다.

파이썬에서 주로 사용되는 자료형 종류를 살펴보고 혼동되는 4종류만 (리스트 List / 튜플 Tuple / 딕셔너리 Dic / 집합 Set)을 간단하게 비교하였다.

자료형		설 명	비 고
숫자형		-2, -1, 0, 1, 2, 3, 3.14, 10.01, 0.15	소숫점 포함
자료형	문자열	'Hello World', "100"	
	리스트	[], [1, 5, 10, 15, 20, 100]	
	튜플	(), (1, 2, 3, 4, 5)	
	딕셔너리	{'name':'David', 'birth':'0520'}	
	집합	set([1,2,3]), set("Hello")	
	부울	True False	

자료형	리스트	튜플	딕서너리	집합
특징	자료들을 목록형태로 관리	리스트와 기능은 같지만 생성/삭제/수정 불가	사전처럼 이름과 값를 연결	집합의 원소들을 표현, 중복값 허용하지 않음
사용법	리스트 이름= [요소1, 요소2, 요소3]	튜플 이름= (요소1, 요소2, 요소3)	사전 이름= {key1:value1, key2:value2}	집합 이름= {요소1, 요소2, 요소3}
순서유무 (인덱싱/ 슬라이싱)	○	○	×	×
수정유무	○	×	○	○

가. 숫자(수치) 자료형 : 정수, 실수, 복소수

기본적인 사칙연산

파이썬에서 제공하는 숫자 자료형은 다음과 같다.

종 류	설 명
+	숫자를 덧셈하거나 문자열을 결합
-	좌항을 우항으로 뺌(또는 부호 변경)
*	숫자를 곱하거나 혹은 문자열을 곱한 수 만큼 반복하여 결합
**	좌항을 우항으로 거듭 제곱
/	좌항을 우항으로 나눔(실수형)
//	좌항을 우항으로 나눔(정수형)
%	좌항을 우항으로 나눈 나머지

```
print (3 + 4)    # 7
print (4 - 3)    # 1
print (3 * 4)    # 12
print (2 ** 3)   # 8 제곱
print (6 / 2)    # 3.0 float형
print (6 // 2)   # 3 int형
print (7 % 3)    # 1 나머지
```

나. 군집 자료형 : 문자열, 리스트, 튜플, 딕셔너리, 집합

가) 문자열(String) 자료형

문자열(String)은 문자를 일렬로 나열한 데이터를 가리키며 "Hello World"처럼 큰 따옴표로 묶거나 'Hello'처럼 작은 따옴표로 묶어서 표현한다. 두 경우 모두 동일하게 같은 값을 나타낸다.

```
test ="Hello World!"
print (test)   # Hello World!

test ='Hello!'
print (test)   # Hello!

test ='I don \'t need Coke!'
print (test)   # I don't need Coke!

test ="I don't need Coke!"
print (test)   # I don't need Coke!
```

","로 감싸진 문자열을 string으로 인식한다. 싱글쿼터 사용하려면 앞에 \ 가 들어가야 한다. 다른 방법으로는 더블쿼터로 문자열을 감싸고 문자열 내에서 싱글쿼터를 사용하는 것이다.

```
first ='Donghyun'
last ='Hwang'
print (first + last)    # Donghyun Hwang
print (last * 5)        # HwangHwangHwangHwangHwang
```

+ 기호를 이용해서 문자열을 합치는 것이 가능하다. 또한 * 기호를 이용해서 문자열을 반복하는 것이 가능하다.

나) 문자열 슬라이싱(Slicing String)

```
test_str ='Hwang'
print (test_str [0])    # H
print (test_str [1])    # w
print (test_str [-1])   # g
print (test_str [-2])   # n
```

List의 인덱스 부분에 음수를 넣어서 오른쪽부터 가져올 수 있다. 주의할 점은 음수로 인덱싱할 경우에는 0부터 시작이 아니라 1부터 시작한다.

```
print (test_str [1:4])   # wan
print (test_str [2:5])   # ang
print (test_str [:5])    # Hwang
print (test_str [3:])    # ng
```

이렇게 범위를 인덱스로 지정해서 호출하는 것도 가능하다.

주의할 점은 콜론 앞의 숫자는 포함되지만, 뒤의 숫자는 포함되지 않는다.

시작 지점을 지정하지 않으면 처음부터 콜론 뒷부분 숫자의 인덱스까지 출력하고, 끝 지점을 지정하지 않으면 콜론 앞부분 숫자부터 끝까지 출력한다.

다) 리스트(List) 자료형

List는 배열이라고 생각하면 편하고, 내부의 값을 나중에 바꿀 수 있다.

```
a = []  # a = list()와 동일
b = [1, 3, 5]
c = ['David', 'Donghyun', 'Hwang', 'D3avid7']
d = [7, 9, ['Donghyun', 'D3avid7']]
```

List 안에는 여러 가지 자료형을 담을 수 있다.
List에도 Slicing String에서 말한 것들을 적용할 수도 있다.

```
print (b [-1])      # 5
print (c [-2])      # Hwang
print (d [-1][0])   # Donghyun
```

이중 List에서 인덱싱은 다음과 같이 할 수 있다.

```
# List 값 수정

test = [1, 2, 3, 4, 5]
test [3] = 6
print (test)   # [1, 2, 3, 6, 5]
```

이렇게 인덱스를 지정해서 직접 값을 바꿔줄 수 있다.

```
# List 연속된 값으로 변경

test = [1, 2, 3, 4, 5]
test [2:3] = ['a', 'b', 'c']
print (test)   # [1, 2, 'a', 'b', 'c', '4', '5']
```

2이상 3미만의 인덱스 부분에 a, b, c List를 변경해주는 것이다.

```
# List 요소 삭제

test = ['a', 'b', 'c', 'd', 'e']
test [2:4] = []
print (test)   # ['a', 'b', 'e']


# del 함수 사용

test = ['a', 'b', 'c', 'd', 'e']
del test [2]
print (test)   # ['a', 'b', 'd', 'e']
```

del 함수를 사용해서 삭제할 수도 있다.

```
test = ['a', 'b', 'c', 'd', 'e']
del test [2:4]
print (test)   # ['a', 'b', 'e']
```

마찬가지로 인덱스를 범위로 지정하는 것 또한 가능하다.
List 내장 함수들!

리스트는 파이썬에서 가장 유용하고 많이 쓰이는 데이터구조 중에 하나이므로 리스트를 조작하는 내장함수를 종합적으로 정리해 보면 다음과 같다.

함 수	설 명
append()	리스트의 끝에 요소를 추가합니다.
sort()	리스트 내의 요소를 정렬합니다.
reverse()	현재의 리스트를 역순으로 뒤집어 준다
index()	특정 값이 리스트에서의 인덱스 위치를 반환합니다.
insert()	명시된 인덱스 위치에 요소를 삽입합니다.
remove()	리스트에서 입력한 값을 찾아 제거합니다.
pop()	리스트의 마지막 요소를 리스트에서 제거합니다.
count()	입력한 데이터와 일치한 요소의 개수를 반환합니다.
extend()	리스트 뒤에 리스트를 더하여 병합시킨다.

```
test = [1, 2]
test.append (3)   # 맨 뒤에 값 추가
print (test)  # [1, 2, 3]
```

append(x) 함수는 인자를 1개밖에 받지 않기 때문에 여러 개의 인자를 넘겨주면 에러가 난다.

```
test = [3, 1, 2, 5, 4]
test.sort ()
print (test)  # [1, 2, 3, 4, 5]

test.sort (reverse = True )
print (test)  # [5, 4, 3, 2, 1]
```

sort() 함수는 List를 자동으로 정렬해준다. 역순으로 정렬하기 위해서는 sort 함수에 reverse 옵션을 True로 설정해주면 된다.

```
test = [3, 1, 2]
test.reverse ()
print (test)   # [2, 1, 3]
```

reverse() 함수는 현재의 List를 역순으로 뒤집어 준다. 정렬은 하지 않고 현재의 List를 역순으로 뒤집어 준다.

```
test = [1, 2, 3, 4, 5]
print (test.index (3))   # 2
print (test.index (5))   # 4
```

index(x) 함수는 x라는 값이 있는 경우, x의 인덱스를 반환해주는 함수이다.

```
test = [1, 2, 3, 4, 5]
test.insert (0, 6)
print (test) # [6, 1, 2, 3, 4, 5]
```

insert(x, y) 함수는 x 위치에 y라는 값을 삽입해주는 함수이다.

```
test = [1, 2, 3, 4, 3]
test.remove (3)
print (test) # [1, 2, 4, 3]
```

remove(x) 함수는 첫 번째로 나오는 x라는 값을 List에서 삭제해

주는 함수이다. 보시다시피 뒷부분에 있는 3은 삭제되지 않았다.

```
test = [1, 2, 3]
print (test.pop())   # 3
print (test)         # [1, 2]
```

pop() 함수는 List의 가장 마지막 인덱스의 값을 반환해주고 그 값을 삭제해주는 함수이다. 위의 예제에서 굳이 3이라는 값이 필요 없을 경우에는 print() 함수를 빼도 상관없다.

```
test = [1, 2, 3, 1, 1]
print (test.count (1))   # 3
```

count(x) 함수는 x라는 값이 List 안에 몇 개나 있는지 반환해주는 함수이다.

```
test = [1, 2, 3]
test.extend ([4, 5, 6])
print (test)   # [1, 2, 3, 4, 5, 6]
```

extend(x) 함수는 x 부분에 List를 받아서 원래의 List와 병합시켜주는 함수이다. List에서는 위와 같은 내장 함수들을 사용할 수 있다.

라) 튜플(Tuple) 자료형

Tuple은 조금 특이한 List라고 해도 무방할 정도로 List와 성격이 비슷하다. List에 대한 설명은 위에서 자세하게 했으므로 Tuple과의 차이점을 간단하게 언급한다.

List는 [ ] 대괄호로 묶이지만, Tuple은 ( ) 소괄호로 묶는다.

```
tp1 = ()
tp2 = (1,)
tp3 = (1, 2, 3, 4, 5)
tp4 = (1, 2, (3, 4, 5))
tp5 = 1, 2, 3
```

Tuple의 선언은 다음과 같이 할 수 있다. List와 거의 비슷하지만 다른 점이 조금 있다. 1개의 요소만을 가질 때 튜플은 tp2 와 같이 뒤에 반드시 콤마(,)가 와야 한다. 또한 tp5 처럼 괄호를 생략해도 된다는 점이다.

Tuple과 List의 차이점은 이뿐만이 아니다. Tuple과 List의 가장 큰 차이점은 Tuple은 값을 변경할 수 없다. List는 항시 값의 변화가 가능하지만, Tuple은 불가능하다. 따라서 값의 변화를 원하지 않는 List의 경우에는 Tuple로 선언하는 것이 바람직하다.

간단하게 List와 비슷한 점도 짚고 넘어가면, Tuple은 인덱싱, 슬라이싱, 병합, 반복 모두 가능하다.

```
tp1 = (1, 2, 3)
tp2 = (4, 5, 6)

print (tp1 [2])         # 3
print (tp1 [1:])        # (2, 3)
print (tp1 + tp2)       # (1, 2, 3, 4, 5, 6)
print (tp2 * 2)         # (4, 5, 6, 4, 5, 6)
```

마) 딕셔너리(Dictionary) 자료형

List와 Tuple은 인덱스를 사용하여 원소에 접근하는 데이터 구조이지만, Dictionary는 키=값 형태로 이루어진 자료형이다. 이렇게 대응 관계를 나타내는 자료형을 연관 배열 혹은 Hash라고 합니다. 대표적인 예로는 루비의 Hash와 C#의 Dictionary가 있다. 이제 Dictionary라는 것은 어떻게 생겼는지 알아보도록 하겠다.

```
dic1 = dict()
dic2 = {'k1':'v1', 'k2':'v2', 'k3':'v3'}
dic3 = dict([('name', 'D3avid7'), ('phone', '010-1234-5678')])
dic4 = dict(firstname = 'Donghyun', lastname = 'Hwang')
dic5 = {'ls':['a', 'b', 'c']}

print (dic2)   # {'k1' : 'v1', 'k2' : 'v2', 'k3' : 'v3'}
print (dic2 ['k2'])         # v2
print (dic3)   # {'phone' : '010-1234-5678', 'name' : 'D3avid7'}
print (dic3 ['name'])       # D3avid7
print (dic4 ) # {'firstname' : 'Donghyun', 'lastname' : 'Hwang'}
print (dic4 ['firstname'])# Donghyun
print (dic5 ['ls'])         # ['a', 'b', 'c']
```

빈 Dictionary를 만들 땐 dict() 함수를 사용하면 되나, 내용이 있는 Dictionary를 만들 때 사용해도 된다. 또한 value 값을 호출할 때는 Dictionary이름['키값'] 으로 호출하게 되면 값을 얻을 수 있다. 또한 Dictionary의 값으로 List도 넣을 수 있다.

```
test = {1:'first'}
```

```
test [2] = 'second'
print (test)   # {2 : 'second', 1 : 'first'}
```

Dictionary는 간단하게 키값을 지정해주고 추가해주면 된다.

```
test ={1 : 'first', 2 : 'second', 3 : 'third'}

del test [2]
print (test)   # {1 : 'first', 3 : 'third'}
```

삭제는 List에서 사용했듯이 del() 함수를 사용하면 된다.

```
test = {'name' : 'Donghyun', 'nickname' : 'D3avid7', 'birthday':'0520'}
print (test.keys ())    # dict_keys(['name', 'nickname', 'birthday'])
print (test.values ())  # dict_values(['Donghyun', 'D3avid7', '0520'])
print (test.items ())   # dict_items([('nickname', 'D3avid7'), ('name',
'Donghyun'), ('birthday', '0520')])
```

keys(), values() 함수를 통해서 딕셔너리의 key 혹은 value를 dict_keys 혹은 dict_values 객체로 얻을 수 있다. items() 함수는 key 와 value를 Tuple을 사용해서 묶은 값을 dict_items 라는 객체로 반환해준다.

```
test = {'name':'Donghyun','nickname':'D3avid7','birthday':'0520'}
test.clear ()
print (test)  # {}
```

clear() 함수를 이용해서 모두 지워버릴 수 있다.

```
test ={'name':'Donghyun', 'nickname':'D3avid7', 'birthday':'0520'}

print (test.get ('no_key'))      # None
print (test.get ('name'))        # Donghyun
print (test ['name'])            # Donghyun
print (test ['no_key'])          # Error
```

test['no_key'] 의 경우에는 Error를 내뱉지만 test.get('no_key')는 None 객체를 반환하기 때문에 get(x, y) 함수를 쓰는 것이 더 적절해 보인다. get(x, y) 함수는 Dictionary 안에 x 라는 키 값이 없을 경우 y 라는 디폴트 값을 반환해준다.

```
test ={'name':'Donghyun', 'nickname':'D3avid7', 'birthday':'0520'}

print ('name'in test)       # True
print ('no_key'in test)     # False
```

바) 집합(set) 자료형

말 그대로 집합을 나타내기 위한 자료형으로 특징으로는 중복을 허용하지 않고, 순서가 없다는 것이다.

```
s = set([1, 2, 3, 4, 5])
print (s)  # {1, 2, 3, 4, 5}
hello = set ('Hello World!')
```

```
print (hello)    # {' ', 'H', 'l', 'e', 'l', 'o', 'd', 'W', 'r'}
```

위와 같이 선언할 수 있습니다. 위에서 말한 두 가지 특징이 잘 드러나는 것을 볼 수 있다. List와 Tuple은 순서가 있기 때문에 인덱싱을 통해 원하는 값을 가져올 수 있었지만, Set은 Dictionary와 비슷하게 순서가 없는 자료형이기 때문에 인덱싱이 불가능하다. 만약 Set에서 인덱싱을 하고 싶다면 List나 Tuple로 형 변환시킨 뒤에 해야 한다. 아무래도 Set은 집합 자료형이다 보니 교집합, 차집합, 합집합 등 집합 연산에 있어 매우 유리하다.

```
set1 = set ([1, 2, 3, 4, 5, 6])
set2 = set ([5, 6, 7, 8, 9, 0])

print (set1 & set2)      # {5, 6}
print (set1 | set2)      # {0, 1, 2, 3, 4, 5, 6, 7, 8, 9}
print (set1 - set2)      # {1, 2, 3, 4}
print (set2 - set1)      # {7, 8, 9, 0}
```

차례대로 교집합, 합집합, set1-set2 차집합, set2-set1 차집합입니다. 위의 코드는 아래와 같이 나타낼 수도 있다.

```
set1 = set([1, 2, 3, 4, 5, 6])
set2 = set([5, 6, 7, 8, 9, 0])

print (set1.intersection (set2))  # {5, 6}
print (set1.union (set2))         # {0, 1, 2, 3, 4, 5, 6, 7, 8, 9}
```

```
print (set1.difference (set2))   # {1, 2, 3, 4}
print (set2.difference (set1))   # {0, 8, 9, 7}
```

이렇게 Set 자료형의 내장 함수를 통해서 교집합, 차집합, 합집합을 구할 수 있다.

```
set1 = set ([1, 2, 3, 4])
set1.add(4)
print (set1)   # {1, 2, 3, 4}

set1.add(5)
print (set1)   # {1, 2, 3, 4, 5}
```

add(x) 함수를 통해서 값을 추가할 수 있다. Set 자료형의 특징답게 기존에 있던 값을 추가할 경우에는 추가되지 않는다.

```
set1 = set(1, 2)
set1.update([3, 4, 5])

print (set1)   # {1, 2, 3, 4, 5}
```

update(x) 함수를 통해서 여러 개의 값을 추가할 수 있다. x의 위치에는 iterable, 즉 반복 가능한 자료형이 와야 한다. List나 Tuple이 대표적인 예이다.

```
set1 = set([1, 2, 3, 4, 5])
```

```
set1.remove(3)

print (set1)   # {1, 2, 4, 5}
```

특정 값을 제거하고 싶을 경우에는 remove(x) 함수를 사용하면 된다. x의 위치에는 제거하고 싶은 값을 적어준다.

(2) 파이썬 제어문 : if, elif, else(조건문)

```
if name is 'Donghyun':
    print ('Hello Donghyun')
elif name is 'Hwang':
    print ('Hello Hawng!')
else :
    print ('Hello Everyone!')
```

python의 조건문은 이런 식으로 구성되어 있다.

```
if 조건문 :
    코드
elif 조건문2 :
    코드
else :
    코드
```

이런 식으로 구성되어 있으며, 특이한 점이 있다면 C언어처럼 else if를 쓰는 것이 아니라, elif를 쓴다는 것이다.

(3) 파이썬 제어문 : for, while(반복문)

for, while 문은 반복문이다. 말 그대로 반복시키기 위한 구문이다. for문의 기본 구조는 아래와 같다.

```
test = [1, 2, 3, 4, 5]

for i in test :
    print (i)
'''
1
2
3
4
5
'''
```

다음과 같이 i 부분에는 변수, test 부분에는 List나 Tuple 혹은 String 같은 반복 가능한 변수가 온다. 그다음에는 하고 싶은 코드를 적으면 된다. 그리고 아래와 같이도 사용할 수 있다.

```
test = [(1, 2), (3, 4)]

for (i, j)in test :
    print (i + j)
'''
3
7
'''
```

이렇게도 사용이 가능하며, C언어의 for문 보다는 간편하게 사용할 수 있는 것 같다.

```
for i in range (0, 10):
    print (i)
```

range 객체를 이용해서 쉽게 for문을 만들 수도 있다. 간단하게 List 내장 함수와 for문을 이용한 예제를 보면

```
test_list = [1, 2, 3, 4, 5]
result = []

for num in test_list :
    result.append (num *3)

print (result) # [3, 6, 9, 12, 15]
```

이런 코드를 아래와 같이 요약할 수 있다

```
test_list = [1, 2, 3, 4, 5]
result = [num * 3 for in test_list]

print (result ) # [3, 6, 9, 12, 15]
```

이렇게 for문을 알아보았다.

(4) 파이썬 함수(Function)

함수(Function)는 여러 프로그래밍 언어에서 등장하는 개념이다. 함수를 사용함으로써 얻는 이점은 많다. 일단 코드의 가독성이 높아지고, 코드를 재사용 할수도 있다. Python에서는 다음과 같이 함수를 정의한다.

```
def fuction_name (parameter):
    code here
```

호출할 때도 간단합니다.

```
function_name (parameter)
```

처럼 호출해주게 되면 함수의 코드가 실행된다.
예를 들어보면,

```
def hello (num):
    for i in range (0, num):
        print ('hello,' + str(i))
```

이렇게 함수를 설정해주게 되면 hello 함수를 인자 값으로 5를 넘겨서 실행해주게 되면

```
hello,0
hello,1
```

hello,2
hello,3
hello,4

이렇게 나오게 된다. range 객체로 0, num까지의 iterable 객체를 만들어줬고, print 함수로 i를 str 함수를 이용해 문자열로 바꾼 뒤, 출력해주고 있다. 이번에는 다른 예제를 다뤄보면 int형 값을 넘겨받아서 그 수에 500을 곱해서 print 해주는 함수이다.

```
def multiply_number (num):
    print (num * 500)
prime_number_check (5)   # 2500
```

이런 식으로 multiply_number 함수 안에 print 함수를 써서 multiply_number만 호출해도 된다.

SECTION

3 인공지능 구현도구 :
텐서플로(TensorFlow) 기초

1. 텐서플로 정의

텐서플로(Tensor Flow)는 2015년 11월 구글(Google)에서 공개된 딥러닝(Deep Learning)과 머신러닝(Machine Learning) 기술 등에 활용하기 위해 개발된 오픈소스 소프트웨어이다. 데이터를 의미하는 텐서(tensor)와 연산이 수행되는 플로(flow)의 합성어이다. 구체적으로 텐서는 행렬로 표현할 수 있는 2차원 형태의 배열을 높은 차원으로 확장한 다차원 배열, 즉 딥러닝에서 데이터를 표현하는 방식을 의미하고 플로우는 데이터 흐름 그래프(dataflow graph)로 계산이 이루어진다는 것을 의미한다.

텐서플로는 구글 브레인팀에서 개발한 검색, 음성 인식 등의 구글 앱에 사용되는 머신러닝용 엔진으로, C++ 언어로 작성되어 파이썬(Python) 응용 프로그래밍 인터페이스(API)를 제공한다. 2011년부터 구글에서 내부적으로 사용되던 1세대 머신 러닝 시스템인 디스트 빌리프(Dist Belief)의 뒤를 이은 2세대 머신러닝 시스템이다.

오픈소스 소프트웨어인만큼 학생, 개발자 등 원하는 사람들은 누구나 사용할 수 있으며, 빠르고 유연해 한 대의 스마트폰뿐만 아니라 데이터 센터의 수천 대 컴퓨터에서도 운영과 동작이 가능하다는 장점이 있다.

또한 많은 사람들이 딥러닝을 학습하고 싶어하지만, 수학적 모델과 공식에 압도되는 경우가 많다. 이 때 어려운 수학없이 신경망의 아이디어를 파악하는데 도움이 되는 멋진 도구이다.

한편 텐서플로는 순환신경망(RNN : Recurrent Neural Network)이 테아노(Theano)에 비해 느리고 메모리 소비가 느리다는 단점이 있는데, 이러한 차이는 빠르게 좁혀질 것으로 예상된다. 또한, 텐서플로는 비정형 데이터를 다루는 예제가 부족하다.

특히 순환신경망(RNN)과 관련된 예제에서는 쉽고 어려운 난이도 사이의 차이가 너무 커 오류가 날 가능성이 높아 텐서플로 개발팀에서도 많은 리소스를 투여해주길 권장하고 있다. 한 코드에서 테아노와 텐서플로를 동시에 사용할 수 없다는 것도 텐서플로의 한계점이다. 결국 GPU 디바이스를 환경변수를 통해 라이브러리마다 따로 지정해서 사용해야 한다.

한편 2019년 6월 24일 텐서플로 월드(TensorFlow World)의 등록이 시작되었다. 2019년 10월 28일에서 31일까지 산타클라라 컨벤션 센터에서 텐서플로 팀과 머신러닝 개발자가 모여 텐서플로의 권장 사항 및 사용 사례를 얘기하고 최신 텐서플로 제품 개발 현황을 살펴볼 수 있도록 진행되었다.

2. 설치 방법

텐서플로(TensorFlow)를 사용하려면 파이썬(Python) 개발 환경이 필요하다. 파이썬 공식 사이트에서 설치파일을 다운받아 설치할 수 있지만 과학 계산을 위한 여러 파이썬 패키지를 따로 설치해야 한다.

과학 계산용이거나 범용적으로 가장 인기있는 파이썬 배포판은 아나콘다

(Anaconda)이다. 캐노피(Canopy)나 액티브 파이썬(Active Python) 등도 있지만 아나콘다가 안정적이고 피드백이 빠른 편입니다. 이 글에서는 Windows에 아나콘다와 텐서플로를 설치하고 파이썬(Python) 쉘과 주피터 노트북(Jupyter Notebook)을 실행하는 과정을 설명한다.

1) 아나콘다 설치

브라우저로 아나콘다 제품 페이지에 접속한다.

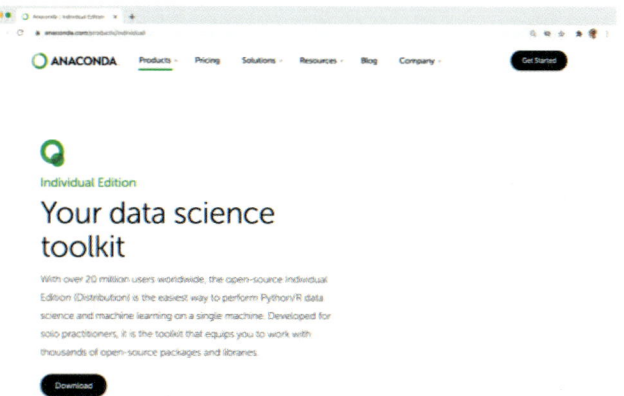

아래에 있는 다운로드 버튼을 누르면 설치 파일 위치로 이동한다. 아나콘다 인스톨러 설치는 보통의 Windows 설치 프로그램과 비슷하다. 설치 과정을 마치면 시작버튼에 아나콘다 폴더가 추가된다.

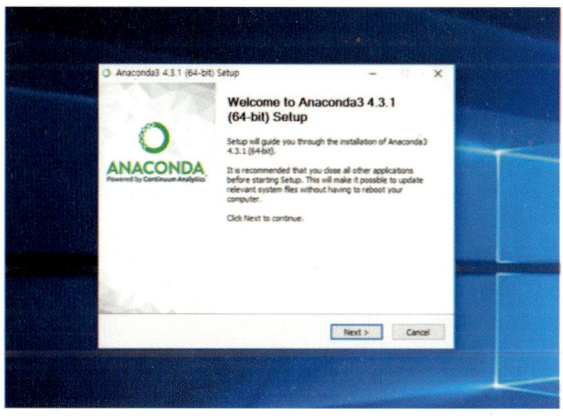

2) 텐서플로 설치

아나콘다 배포판에는 텐서플로 최신 버전이 늦게 포함되므로 파이썬 기본 패키지 관리자인 pip로 텐서플로를 설치한다.

〉 pip install tensorflow

설치가 완료된 후 IPython 쉘을 실행하여 tensorflow 모듈을 임포트한다. 아무런 메세지가 뜨지 않으면 정상적으로 설치에 성공한 것이다.

〉 ipython
...
In [1] : import tensorflow as tf
In [2]:

IPython 쉘을 종료하려면 exit 명령을 입력한다. 데이터 분석을 위해 IPython 쉘도 좋지만 이보다 코드와 실행 결과를 함께 관리할 수 있는 주피터 노트북을 사용하도록 한다. 주피터 노트북은 로컬 컴퓨

터에서 실행되는 웹 서버 프로그램과 비슷하다. 브라우저로 코드를 실행하면 IPython 커널에게 실행을 명령하고 그 결과를 브라우저로 전달해 준다. 주피터 노트북을 실행하려면 아나콘다 프롬프트에서 jupyter notebook 명령을 사용한다.

> jupyter notebook

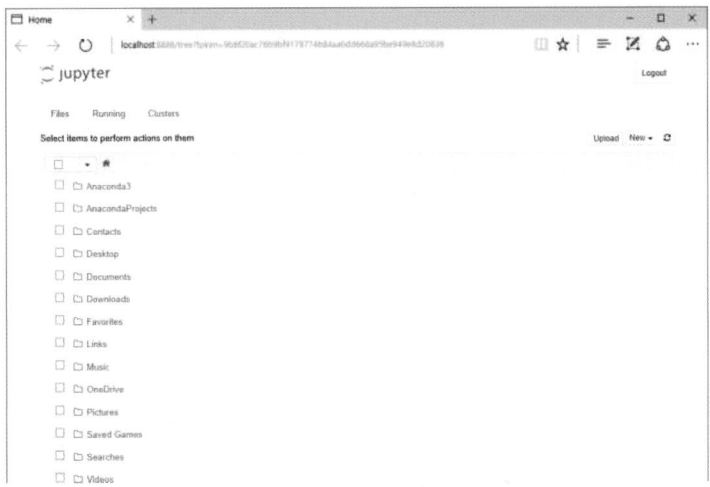

주피터 노트북이 실행되면 자동으로 기본 브라우저가 실행되어 주피터 노트북 서버에 접속한다. 로컬 컴퓨터의 주피터 노트북 서버 주소는 http://localhost:8888/ 이다. 주피터 노트북을 실행한 현재 폴더를 기본 홈페이지로 설정된다. 이 폴더 하위에 파이썬 주피터 노트북을 만들고 실행할 수 있다. Documents 폴더로 들어가서 새로운 파이썬 노트북을 만들어 보자. 오른쪽 위에 있는 New 버튼을 누르면 새로운 파이썬 주피터 노트북을 생성할 수 있다.

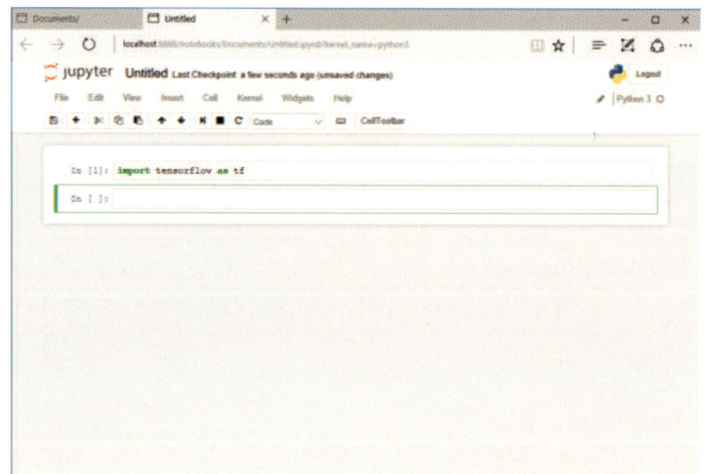

새로운 브라우저 탭이 열리면서 Untitled 노트북이 생성된다. 첫 번째 코드 셀(cell)에 IPython 쉘에서 했던 것처럼 import tensorflow as tf 를 입력하고 Shift+엔터 키를 입력한다. 아무런 메세지가 나오지 않으면 텐서플로를 주피터 노트북에서 사용할 수 있도록 설치에 성공한 것이다.

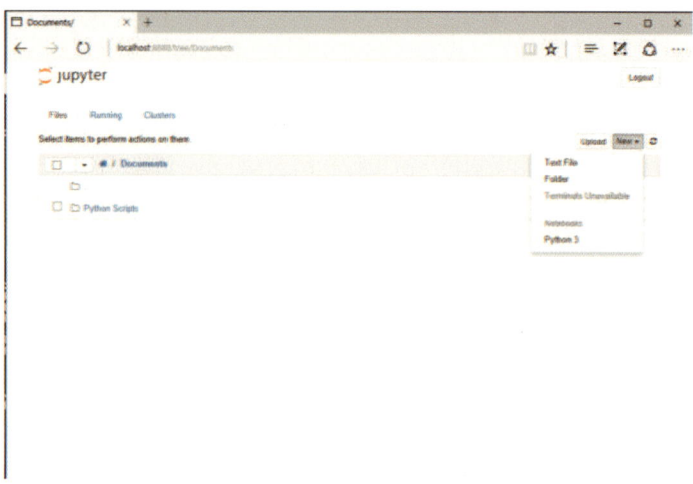

4장 참고문헌

1. 강지영. (2022). (파이썬으로 시작하는) 머신러닝 + 딥러닝. 아이리포.
2. 고병철. (2021). 텐서플로우 2.X기반의 인공지능 이론과 실습. 홍릉.
3. 권세혁. (2022). (파이썬을 이용한) 통계학 원론. 교우.
4. 김대수. (2019). 처음 만나는 인공지능. 생능출판.
5. 김영천. (2020). 파이썬=Python. 기한재.
6. 김유두. (2021). 인공지능을 위한 텐서플로우 입문. 광문각.
7. 김찬교 외. (2022). 인공지능 파이썬 기초 다지기. 홍릉.
8. 김희종. (2022). (파이썬으로 배우는) 머신러닝. 홍릉.
9. 박상배 외. (2022). 파이썬으로 구현하는 AI 이해와 활용. 일진사.
10. 박희재. (2022). 본 파이썬 스타트 : AI로 가는 첫걸음. INFINITYBOOKS
11. 비바버튼, (2018). 머신러닝 시스템의 종류와 텐서플로우 알고리즘 종류. https://bestpractice80.tistory.com/2
12. 앤서니쇼. (2022). CPython 파헤치기. 인사이트.
13. 우재남. (2016). 파이썬(Python). 한빛아카데미.
14. 우재남. (2022). 파이썬 for beginner :쉽고 빠르게 익히는 프로그래밍의 기본 원리. 한빛아카데미.
15. 이권윤. (2018). Python과 TensorFlow로 구현한 인공지능. 글로벌.
16. 이권윤, 이상부. (2017). Python과 TensorFlow로 구현한 인공지능. 글로벌.
17. 조동영. (2022). (파이썬으로 시작하는) 컴퓨터 프로그래밍. 한빛아카데미.
18. 최병관. (2018). Tensorflow 프로그래밍 기초. 청구문화사.
19. Tom Taulli. 융환승역. (2020). 인공지능 베이직. 휴먼싸이언스.
20. Y. Daniel Liang. (2016). 파이썬. 생능
21. Ian Pointer | InfoWorld. (2019.11.22). AI 개발을 위한 최적의

프로그래밍 언어 6+2선
22. Ian Pointer | InfoWorld. (2018.05.04). AI 개발에 가장 적합한 5가지 프로그래밍 언어
23. Myunseo Kang. Python 기초문법 알아보기
24. 여짱의 데이터 이야기. 파이썬 사용환경 구축 및 기본문법 사용방법

제 5 장

인공지능(AI) 개발을 위한 필수 인프라
(클라우드와 빅데이터)

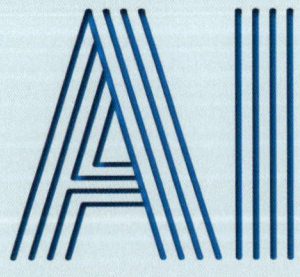

제1절 클라우드(Cloud)
제2절 빅데이터(Big Data)

SECTION

1 클라우드(Cloud)

1. 클라우드 탄생배경 및 개념

    기업에서 어떤 시스템을 개발하기 위해서는 물리적인 서버에 운영체제(OS)를 설치하고 필요한 소프트웨어를 설치한다. 클라우드 서비스를 활용하기 이전에는 데이터센터 내에 신규 시스템 구축할 시 많은 시간과 노력이 소요되었다.

필요한 하드웨어 사양과 업체를 선정하고, 내부 구매 프로세스 등을 통해 서버와 스토리지를 구입하여 데이터센터 내에 하드웨어를 설치할 공간과 네트워크 연결 준비에 짧게는 몇 주에서 길게는 몇 달의 시간이 걸렸다. 핵심 업무를 개발하는데 집중하기에도 시간이 부족한데 서버 구매, 소프트웨어 설치 등 개발 환경을 구성하는 데 시간을 소비하는 것은 많은 기회비용을 발생하게 되었다. 클라우드 서비스는 이런 개발 환경을 신속하게 만들어 낼 수 있다.

클라우드 서비스란 서버·스토리지·소프트웨어 등 **필요한 IT 자원을 이용자가 직접 준비할 필요 없이 서비스 제공 업체가 인터넷 연결을 기반으로 제공해 주는 것**을 뜻한다. 클라우드 제공자가 보유한 고성능 컴퓨터에 소프트웨어와 콘텐츠가 저장되어 있고, 이용자는 자신의 컴퓨터와 운영체제, 그리고 인터넷에 연결된 네트워크만 있다면 언제든지 저장된 콘텐츠를 이용할 수 있는 서비스이다. 우리가 흔히 사용하는 파일 저장 서비스인 드롭박스(Dorpbox)[4], 메모 서비스인 노션(Notion)[5] 등이 모두 클라우드 서비스라고 볼 수 있다.

클라우드는 1965년 미국의 컴퓨터학자인 존 매카시가 "컴퓨팅 환경은 공공시설을 쓰는 것과도 같을 것"이라는 개념을 제시한 데에서 유래하였다. 1993년부터는 이미 클라우드라는 용어가 거대한 규모의 현금자동인출기(ATM automated teller machine)를 지칭하는 데 쓰였다. 하지만 이 시기는 소비자 중심의 웹 기반이 형성되기 전의 일이었기 때문에 클라우드 컴퓨팅 사업은 당연히 실패했다. 그러나 10년이 지난 2005년에서야 클라우드 컴퓨팅이라는 단어가 널리 퍼지기 시작했다.

최초의 클라우드 컴퓨팅 서비스는 **2000년대 초반 아마존에서 탄생**하였다. 아마존의 개발자들은 핵심 업무인 개발보다는 서버 구매·소프트웨어 설치 등, IT 인프라 환경 조성에 너무 많은 시간을 들이고 있었다. 경영진들은 이러한 업무의 비효율성을 개선하고 생산성을 높이는 방안을 고민했고, 컴퓨팅 자원을 효율적으로 활용할 수 있는 **아마존의 AWS(Amazon Web Service)**가 등장했다.

---

4) 파일 동기화와 클라우드 컴퓨팅을 이용한 웹 기반의 파일 공유 서비스이다. 2007년 MIT의 졸업자인 Drew Houston과 Arash Ferdowsi가 Y콤비네이터의 벤처기업으로 시작했다.
5) 메모, 문서, 지식 정리, 프로젝트 관리, 데이터베이스, 공개 웹사이트 등의 기능을 하나의 서비스로 통합한 종합 애플리케이션이다.

▼ 그림 5-1 클라우드 컴퓨팅

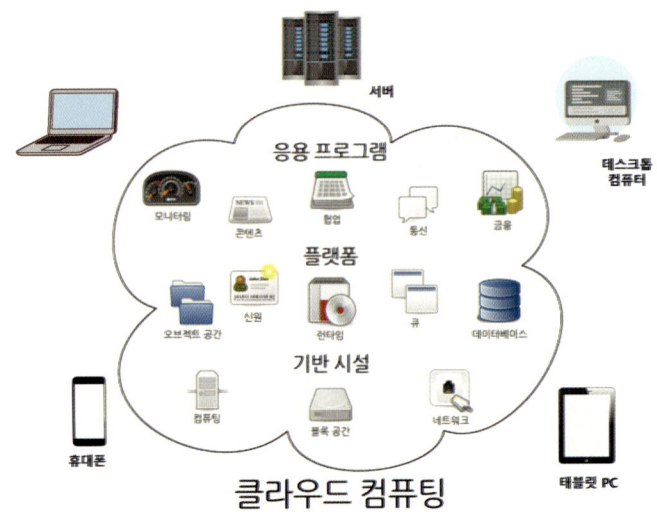

출처 : 리눅스재단, 최성(2021), 재구성.

이렇듯 초창기 클라우드 서비스는 한정적인 인적·물적 자원을 좀 더 효율적으로 활용할 수 있는 목적에 집중하였다. 하지만 점차 빅데이터 시장이 성장함에 따라 비용 절감이라는 경제적 측면보다는 폭발적으로 증가한 데이터를 관리하는 수단으로 발전하고 있다. 이용자들의 입장에서 제공자의 서비스들을 표현하는 네트워크 요소들은 마치 구름에 가려진 것처럼 눈에 보이지 않는 것으로 의미하는 클라우드(Cloud)가 되었다.

2. 클라우드 서비스의 장단점

클라우드 서비스의 장점은 숫자로 계산 가능한 정량적 장점과 비즈니스에 긍정적인 영향을 미치는 정성적 장점으로 나눌 수 있다.

1) 장점

먼저 정량적 장점은 **투자 비용 절감과 개발 환경을 구성하는 시간 단축**이다. 클라우드는 개발 환경 구성에 필요한 IT 자원(하드웨어, 소프트웨어, 애플리케이션)을 다른 사용자들과 공유하고, 소유가 아니라 대여하여 사용하기 때문에 하드웨어/소프트웨어의 구매/유지 및 인건비, 유지 보수 등의 비용이 절감된다. 또한, 완성형 서비스를 활용함으로 시간이 단축된다. 플랫폼과 애플리케이션 자체를 필요할 때 즉시 사용 가능하기 때문에 자유롭고 빠르게 개발 환경을 구성하고 비즈니스 트렌드의 변화 속도에 맞춰 신속하게 시스템을 구성할 수 있다.

▼ 그림 5-2 클라우드 서비스의 정량적 특징

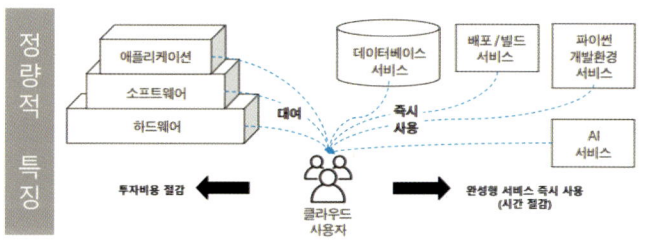

출처 : 삼성 SDS(https://m.post.naver.com/viewer/postView.naver?volumeNo=29866499&memberNo=34865381)

클라우드 사용자는 애플리케이션, 소프트웨어, 하드웨어를 대여하고 데이터베이스 서비스, 배포/빌드 서비스/ 파이썬 개발환경 서비스, AI 서비스를 즉시 사용한다. 즉, 투자 비용 절감, 완성형 서비스 즉시 사용(시간 절감)이 가능하다.

정성적 장점으로는 생산성 증대와 자원의 유연성 향상을 말할 수 있다. 인터넷만 되면 언제, 어디서나 스마트폰 등의 다양한 단말기를 통해 접속이 가능하므로 **생산성**이 향상된다. 방화벽을 오픈하고 외부에서 접속할 수 있는 경로를 만들 필요가 없다.

또한 필요한 만큼 IT 자원의 규모를 신속하고 탄력적으로 운영할 수 있으므로 **자원의 유연성**을 확보할 수 있다. 최근 코로나19로 인해 많은 회사에서 재택근무를 시행하게 되었는데, 클라우드 서비스를 활용하면 재택근무를 위한 스마트워크(Smart Work) 환경을 빠르게 제공할 수 있게 되었다.

▼ 그림 5-3 클라우드 서비스의 정성적 특징

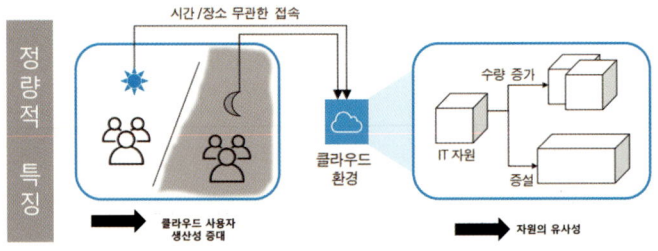

출처 : 삼성 SDS(https://m.post.naver.com/viewer/postView.naver?volumeNo= 29866499 &memberNo=34865381)

즉, 클라우드 환경에서는 시간/장소 무관한 접속으로 클라우드 사용자는 생산성이 증대된다. IT 자원은 수량이 증가하고 증설되면서 자원의 유연성이 커진다.

2) 클라우드 서비스의 단점

많은 장점을 가진 클라우드 서비스에도 몇 가지 단점이 존재한다. 그 중 대표적인 것이 **보안 문제**와 **장애 대응 시 블랙박스 문제**이다. 클라우드는 물리적인 자원을 가상화(물리적 리소스인 하드웨어와 애플리케이션 간에 추상적인 계층을 두어, 리소스 공유나 격리 등의 상호 작용을 가능하게 하는 기술) 기반으로 구현하기 때문에 가상화 소프트웨어 내에 보안 취약점이 존재할 수 있다. 물리적으로 분리된 것이 아닌 가상화 기술로 다른 기업의 IT 자원과 분리되어 있으므로 가상화 취약점을 통해 보안 취약점이 확산될 수 있는 위험이 있다. 또한, 장애가 발생하였을 경우 클라우드 서비스 제공자가 책임지는 영역에 대한 접근이나 원인 분석이 불가한 블랙박스(Blackbox) 문제가 존재한다.

3. 클라우드 서비스의 제공 형태

클라우드 서비스는 접속 가능 범위에 따라 서비스 제공 형태가 구분된다.

1) 퍼블릭 클라우드(Public Cloud)

퍼블릭 클라우드는 공공 클라우드, 개방형 클라우드라고도 불리며 이름에서 알 수 있듯이 인터넷에 접속한 불특정 다수의 사용자가 이용할 수 있는 클라우드 서비스입니다. 하드웨어·소프트웨어 및 기타 인프라는 클라우드 서비스 공급자가 소유하고 관리하며, 사용자는 인터넷 네트워크를 기반으로 서비스에 접근하고 개인 계정을 관리하게 된다.

2) 프라이빗 클라우드(Private Cloud)

프라이빗 클라우드는 퍼블릭과 반대되는 개념입니다. 클라우드 서비스의 자원을 특정 기업 및 기관 내부에 저장하여 내부자에게 제한적으로 서비스를 제공하는 형태입니다. 지정된 조직만이 서비스를 제어할 수 있으므로 보안성이 뛰어나다는 장점이 있다.

3) 하이브리드 클라우드(Hybrid Cloud)

퍼블릭과 프라이빗 클라우드 두 가지를 조합해 사용하는 형태가 하이브리드 클라우드입니다. 보안이 중요한 데이터의 경우 기업 내 온프레미스(On-premise)[6] 데이터센터에 저장해두고, 트래픽이 급증하여 처리 요구가 데이터센터의 역량을 초과하는 경우 퍼블릭 클라우드를 사용하여 신속히 처리할 수 있습니다.

4. 클라우드 서비스의 종류와 예시

서비스 관리 주체와 서비스를 관리할 수 있는 수준에 따라 클라우드 서비스 종류가 나뉜다.

▼ 그림 5-4 클라우드 서비스의 종류

IaaS	PaaS	SaaS
애플리케이션	애플리케이션	애플리케이션
데이터	데이터	데이터
런타임	런타임	런타임
미들웨어	미들웨어	미들웨어
운영체제	운영체제	운영체제
가상화	가상화	가상화
서버	서버	서버
스토리지	스토리지	스토리지
네트워크	네트워크	네트워크

서비스로 제공
직접 관리 영역

출처 : 교보증권 리서치센터

---

[6] 소프트웨어 등 솔루션을 클라우드같이 원격 환경이 아닌 자체적으로 보유한 전산실 서버에 직접 설치하여 운영하는 방식

▼ 그림 5-5 클라우드 서비스의 종류별 대표기업

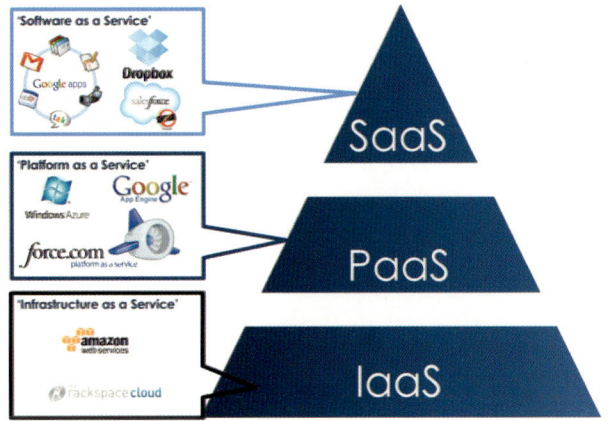

출처 : bmc.com(2019.6), https://krauser085.github.io/SaaS-PaaS-IaaS/

1) IaaS(Infrastructure as a Service)

클라우드 서비스의 가장 기본적인 유형이다. 서버, 스토리지 등 하드웨어의 기본적인 IT 자원만 제공되기 때문에 사용자는 운영체제부터 미들웨어, 런타임, 그리고 데이터 등을 직접 구성하고 관리할 수 있다. 쉽게 생각하면 새로 컴퓨터를 구매하는 개념으로 볼 수 있다. IaaS의 예시는 아마존의 AWS(Amazon Web Service), 구글의 GCE(Google Compute Engine) 등이다.

2) PaaS(Platform as a Service)

소프트웨어를 개발할 수 있는 플랫폼까지 제공하는 서비스이다. IaaS에 운영체제, 미들웨어, 런타임이 추가된 형태이며 개념의 범위가 가장 넓다. 일반적으로 개발자를 대상으로 제공되며, 코드만 개발해서 배포하면 고객에게 서비스할 수 있는 환경을 제공한다.
PaaS의 예시는 무료 플랫폼 호스팅을 제공하는 Heroku, 구글 앱 엔진, 마이크로소프트 애저(Azure) 등이다.

3) SaaS(Software as a Service)

클라우드 기반의 소프트웨어 자체를 서비스로 제공하는 형태이다. 일반적인 사용자들이 가장 많이 접하게 되는 클라우드 서비스이다. 별도의 설치 과정이 필요 없으며, 인터넷 네트워크에만 연결되어 있으면 컴퓨터나 스마트폰 등으로 제공되는 서비스를 이용할 수 있다. SaaS의 예시는 네이버 클라우드, 구글 드라이브, MS Office 365, 드롭박스 등이다.

5. 클라우드 서비스 시장 국내외 동향 및 전망

글로벌 클라우드 서비스를 제공하는 대표적인 기업으로 아마존(AWS : Amazon Web Service), 마이크로소프트(MS : Micro Software), Google 등이 있다. 2006년 상업 클라우드 서비스를 처음 시작한 AWS가 2020년 기준으로 전 세계 시장의 32%를 차지하면서 시장을 지배하고 있다. 그에 뒤따르는 MS Azure는 2010년, 구글(GCP : Google Cloud Platform)은 다소 늦은 2013년부터 시장에 진입하고 있는 상태이다.

초기 선도 기업인 AWS는 IaaS 서비스 모델에서 상대적인 점유율이 높으며, PaaS 계열에서는 MS Azure의 점유율이 높은 상태이다. 구글의 경우는 자체 보유한 개발 인력과 검색 엔진을 통해 확보한 빅데이터를 바탕으로 인공지능과 머신러닝 분야에서 우위를 확보하며 빠르게 성장하고 있다.

▼ 그림 5-6 2020년도 세계 클라우드 서비스 시장 점유율

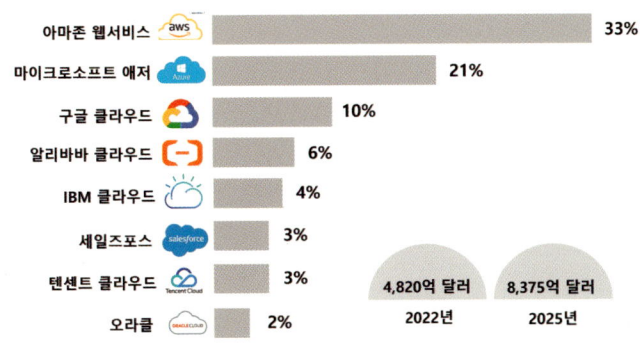

출처 : Statista(2021), 재구성.

클라우드 서비스 시장 점유율은 2020년 4분기 기준, 아마존 32% 애저 20% 구글 9% 알리바바 6% IBM 5% 등 상위 5기관이 70% 이상을 차지하고 있으며, 2020년 시장 규모는 1,290억 달러이다. 2022년 이후 MS 에저(Azure)에는 챗 GPT의 대규모 언어모델 GPT-3.5, 이미지 생성 AI인 달리2(Dall-E2), 코드 생성 AI 등을 도입했다. MS의 클라우드를 서비스를 이용하면 이 모든 기능을 쓸 수 있게 되었고, 클라우드 분야의 실적 둔화 우려 등을 AI가 상쇄할 것이라는 평가도 나온다(권기대, 2023).

IT 시장분석 및 컨설팅 기관인 IDC코리아(International Data Corporation Korea Ltd.)는 최근 발간한 '2021년 클라우드 IT 인프라 시장 전망 보고서'에서 국내 클라우드 환경에 도입되는 IT 인프라 시장이 향후 5년간 연평균 성장률 15%로 2025년에는 2조 2,189억 원의 매출 규모에 이를 전망했다.

이는 지속적인 기업의 디지털화로 인해 증가하는 클라우드 시장에 도입되는 국내 디지털 인프라 시장을 전망한다. 코로나19 이후 일반 기업은 물론 금융, 공공, 교육 등 다양한 조직의 클라우드 전환이 가속

화되면서 올해 클라우드 환경으로 도입되는 IT 인프라는 전체 시장의 50%를 넘어설 것으로 예상된다.

또한 클라우드 컴퓨팅 리소스의 지속적인 증가로 대기업을 포함한 하이퍼스케일 사업자들이 클라우드 인프라를 점진적으로 확장하면서 2025년에는 국내 IT 인프라 시장의 60%가 클라우드 환경으로 도입될 전망이다.

▼ 그림 5-7 국내 클라우드 IT 인프라 시장 전망

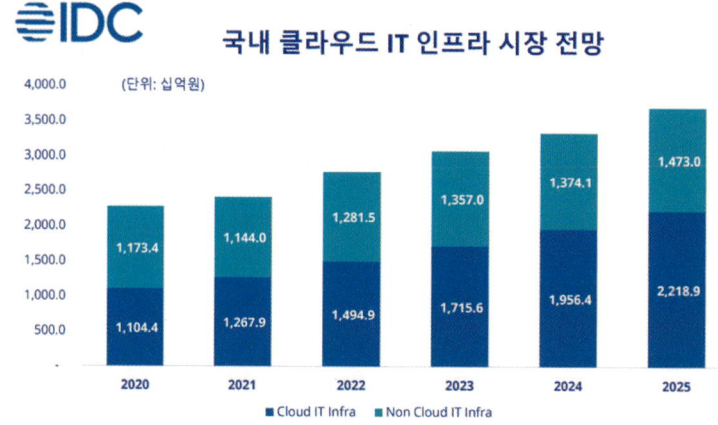

출처: IDC(2021), 재구성.

국내 클라우드 서비스 제공업체들도 자체적인 기술력, 국내 비즈니스 시장의 경험과 노하우 그리고 해외 클라우드 제공업체들과의 제휴로 클라우드 서비스 시장을 확장하고 있다. 글로벌 3사에 의해 퍼블릭 클라우드 시장에서 경쟁이 치열하여, 국내 기업들은 프라이빗 클라우드 시장으로 방향을 선회하여 서비스를 제공하고 있다.

국내 클라우드 제공사 중에서는 KT의 매출 규모가 가장 크며 공공기관을 대상으로 한 정부 클라우드(G-Cloud)의 경험과 신뢰성을 바탕으로 국내 서비스 위주의 비즈니스를 수행하고 있다.

네이버의 경우 인공지능과 자율주행기술의 개발, 라인(Line)과의 서비스 연계를 통해 자체 데이터센터를 운영한 경험으로, 2017년부터 클라우드 서비스를 제공하고 있다.

삼성SDS는 글로벌 17개 데이터센터를 기반으로 삼성 관계사 그리고 국내외 고객 정보시스템을 클라우드로 전환 및 운영 서비스를 제공하고 있다. 코로나 사태 이후 비대면 문화가 확산되며 클라우드 시장 또한 급성장하였다. 언제 어디서나 인터넷만 있으면 데이터에 접근이 가능하고 여러 콘텐츠를 이용할 수 있는 환경이 중요해졌기 때문이다.

통계에 따르면, 클라우드 인프라 서비스에 대한 글로벌 지출은 2021년 1분기 기준 전년 동기간 대비 35% 성장을 기록했다. 국내 또한 포스트 코로나를 대비하는 디지털 뉴딜 사업의 일환으로 클라우드 활성화를 위해 정부가 생태계 조성에 나선 상태이다. 때문에 공공, IT, 금융, 게임, 커머스 등 다양한 분야의 기업들이 클라우드 인프라를 구축 중이다.

클라우드 시장이 급성장하고 있는 것은 코로나 사태를 계기로 전 세계 기업들이 앞다퉈 디지털 전환에 나서고 있고 인공지능, 메타버스(3차원 가상현실), 자율주행차 같은 미래 기술 구현에도 클라우드가 필수적인 인프라이기 때문이다.

2024년까지 글로벌 1,000대 기업의 90%가 클라우드 기술을 채택하여 업무에 이용할 것으로 예측된다. 개인과 기업을 넘어서 국가의 단위까지 클라우드 서비스는 초연결 시대를 구축하고 전에 없던 새로운 서비스와 기회를 만들어낼 것으로 예측된다.

SECTION 2 빅데이터(Big Data)

1. 빅데이터 등장 배경 및 시장 전망

최근 기술 발전에 따른 디지털 정보량이 증가 및 대규모 데이터 폭발이 진행 중이며 중대한 이슈로 등장하면서 '빅데이터(Big Data)'라는 용어가 등장하게 되었다. 빅데이터 자체의 개념은 비교적 새로운 것이며, 2010년대 빅데이터 시대가 도래되었다.

그러나 대규모 데이터 세트의 기원은 최초의 데이터센터가 등장하고 관계형 데이터베이스가 개발되는 등 데이터 세상이 막 시작되었던 1960년대와 70년대로 거슬러 올라간다. 이후 빅데이터라는 용어는 1990년대부터 사용됐으며, 존 매쉬가 이 용어를 대중화하였다. 2005년 무렵 사람들은 페이스북(Facebook), 유튜브(YouTube) 및 기타 온라인 서비스를 통해 사용자가 얼마나 많은 양의 데이터를 생성하고 있는지 깨닫기 시작했다. 2006년 빅데이터 세트를 저장하고 분석하기 위해 특별히 개발된 분산 응용 프로그램을 지원하는 오픈 소스 프레임워크인 하둡(Hadoop)[7])이 개발되었다.

하둡(Hadoop)과 같은 오픈 소스 프레임워크의 개발은 빅데이터를 보다 손쉽게 사용하고 저렴하게 저장할 수 있게 해준다는 점에서 빅데

---

7) 하둡(Hadoop)의 상세한 설명은 주해종 외(2017) 74쪽~96쪽 참조.

이터의 성장에 필수적이었다. 그 이후로 빅데이터의 양이 급증했다. 사용자는 여전히 방대한 양의 데이터를 생성하고 있지만, 데이터를 생성하는 것은 인간만이 아니었다.

사물인터넷(IoT : Internet of Things)의 출현으로 더 많은 객체와 장치가 인터넷에 연결되어 고객사용 패턴 및 제품 성능에 대한 데이터를 수집하게 되었다. 사물인터넷 상의 온도센서, 습도센서, 위치센서, 진동센서 등을 통하여 수많은 데이터가 생성되었고, 자동차 네비게이션, 거리의 CCTV 등을 통하여 수많은 데이터가 수집되었다.

1990년 이후 인터넷이 전 세계로 확장되면서 정형/비정형 데이터들이 방대한 양으로 발생하면서 "정보 홍수", "정보화 시대"라는 개념들이 등장하였고, 2007년 스마트폰의 탄생이 영향을 미쳤다. 특히 모바일의 확산은 많은 정보를 만들게 해줬고 빅데이터 개념을 좀 더 빠르게 발전시켰다.

- 스마트폰을 작동하는 순간 자신의 위치데이터가 생성되고 전송
- 스마트폰을 사용한 통화 이력, 모바일 메신저 사용 이력, 문자 메시지 사용 이력 저장 및 전송
- 스마트폰을 사용하여 사진 촬영, 동영상 촬영, 녹음과 같은 데이터 저장 및 전송

아울러 컴퓨터 성능의 증대, 데이터 저장장치의 비용 감소는 빅데이터 발전을 앞당겼다. 메모리 저장 비용의 하락, 정보를 저장하고 관리하는 클라우드 컴퓨팅 기술의 확산, 데이터를 쉽고 싸게 이용할 수 있는 분산파일시스템의 개발 등도 큰 요인이 되었다.

- 기술 발전에 따른 데이터 저장, 처리 비용의 감소
- 실시간 및 SNS 서비스 등으로 디지털 정보량의 기하급수적 증가

- 기존의 데이터 저장, 관리, 분석, 기법의 한계 극복

위와 같이 기존 데이터베이스 저장, 관리, 분석, 처리에 Software, Hardware 적인 한계가 있어 테라(Tera) 단위의 데이터 세트들을 위한 패러다임도 변화하게 되었다. 이렇게 빅데이터의 역사는 오래되었지만, 최근 데이터의 폭발적 증가로 명실상부한 '빅데이터 시대'가 도래하였다. 우리 주변에 모바일 환경 및 사물인터넷이 확산되고 인공지능 시대가 성숙되면서 2011년 대비 2022년에는 약 50배의 데이터가 증가하는 등 빅데이터는 인공지능(챗GPT 등)의 발전과 더불어 빅데이터 시장은 지속적으로 성장될 것으로 예상된다.

▼ 그림 5-8 ICT 발전에 따른 데이터 시대의 변화

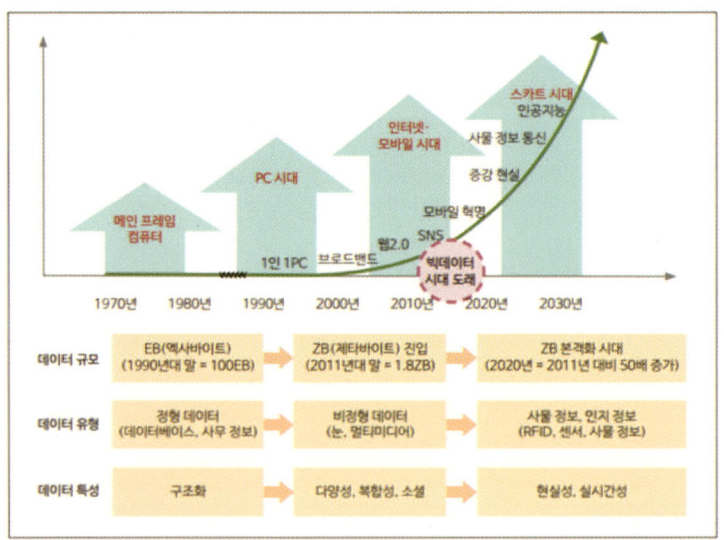

출처 : 복경수(2017), 재구성.

IT 시장분석 및 컨설팅 기관인 한국 IDC(International Data Corporation Korea Ltd.)는 2022년 2월에 발표한 '국내 빅데이터 및 분석 시장 전망, 2021~2025' 연구 보고서에서 국내 빅데이터 및 분석 시장은 2021년 전년 대비 5.5% 성장하여 2조 296억 원의 매출 규모를 형성할 전망이라고 밝혔다. 해당 시장은 향후 5년간 연평균 성장률 6.9%을 기록하며 2025년까지 2조 8,353억 원 규모에 이를 것으로 전망했다(IDC. 2022).

이는 다양한 산업에서 이전보다 더 많은 데이터를 확보하고 이를 활용하기 위한 수요가 높아지며 자체 데이터 플랫폼 구축 및 관련 시스템 도입이 적극적으로 이뤄지는 추세를 반영한 결과이다.

▼ 그림 5-9 국내 빅데이터 및 분석 시장 전망

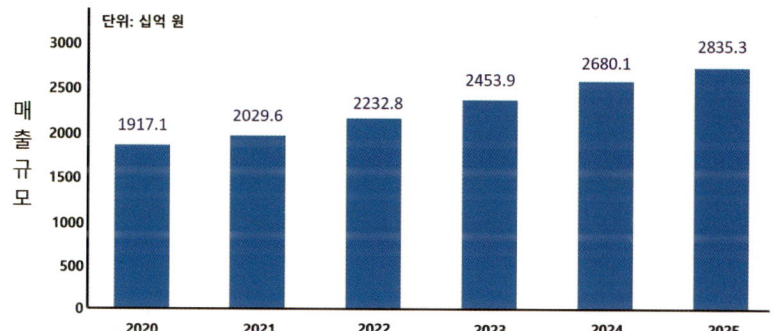

출처 : IDC. (2022.02), 재구성.

2. 빅데이터(Big Data)의 정의 및 특성

1) 빅데이터 정의

4차 산업혁명 시대의 중요한 개념 중의 하나인 빅데이터(Big Data)는 흔히 21세기 '원유'라고도 불린다. 이런 빅데이터란 기존 데이터베이스 관리 도구의 능력을 넘어서는 대량의 정형 또는 심지어 데이터베이스 형태가 아닌 비정형의 데이터 집합조차 포함한다.

과거 시대의 데이터를 넘어서 모바일, 사물인터넷 및 소셜네트워크(SNS) 등을 통해 수집되는 사진 촬영, 동영상 촬영, 녹음 등 다양한 종류의 대규모 데이터를 포함한다.

이와 더불어 데이터로부터 가치를 추출하고 분석하는 기술까지도 빅데이터 영역에 포함한다. 생성, 수집, 분석, 표현을 그 특징으로 하는 빅데이터 기술의 발전은 다변화된 현대 사회를 더욱 정확하게 예측하여 효율적으로 작동케 한다. 개인화된 현대 사회 구성원마다 맞춤형 정보를 제공, 관리, 분석이 가능해 과거에는 불가능했던 기술을 실현시키기도 한다.

이와 같이 빅데이터는 정치, 사회, 경제, 문화, 과학 기술 등 전 영역에 걸쳐서 사회와 인류에게 가치 있는 정보를 제공할 수 있는 가능성을 제시하며 그 중요성이 부각되고 있다.

빅데이터의 다양한 정의를 살펴보면, 위키피디아는 "데이터베이스 등 기존의 데이터 처리 응용 소프트웨어(data-processing application software)로는 수집·저장·분석·처리하기 어려울 정도로 방대한 양의 데이터를 의미"한다. 국가정보화전략위원회는 "대용량 데이터를 활용, 분석하여 가치있는 정보를 추출하고, 생성된 지식을 바탕으로 능동적으로 대응하거나 변화를 예측하기 위한 정보화 기술"이라고 정의한다. 삼성경제연구소는 "기존의 관리 및 분석 체계로는 감당할 수 없을 정도의 거대한 데이터의 집합"이라고 본다. 맥킨지(Mckinsey)는 "기존 시스템의 데이터 수집, 저장, 관리, 분석 역량을 넘어서는 데이터셋(Dataset, 1개 단위로 취급하는 데이터의 집합) 규모로 빅데이터의 분량 기준은 산업 분야에 따라 상대적이며 앞으로도 계속 변화될 것"이라고 정의하고 있다.

위와 같이 빅데이터는 바라보는 관점에 따라 다양하게 정의되고 있는 내용들을 바탕으로 정리해 보면, "기존의 데이터베이스 관리 도구, 관리 시스템의 능력을 넘어 대량의 정형, 비정형 데이터 세트, 이를 포함한 데이터로부터 분석하여 의미있는 가치를 추출하고 결과를 분석하는 기술"이라고 정리할 수 있습니다.

2) 빅데이터의 특징

빅데이터의 공통적 특징은 3V(Velocity, Volume, Variety)로 설명할 수 있다.
속도(Velocity)는 대용량(Volume)의 데이터를 빠르게 처리하고 분석할 수 있는 속성이다. 융복합 환경에서 디지털 데이터는 매우 빠른 속도로 생산되므로 이를 실시간으로 저장, 유통, 수집, 분석처리가 가능한 성능을 의미한다. 다양성(Variety)은 다양한 종류의 데이터를 의미하며 정형, 반정형, 비정형 데이터를 포함한다.

따라서 빅데이터의 특징은 3V로 요약하는 것이 일반적으로 데이터의 양(Volume), 처리 속도(Velocity), 형태의 다양성(Variety)을 의미한다. 최근에는 정확성(Veracity), 가치(Value), 가변성(Variability), 시각화(Visualization)을 덧붙여 7V로써 빅데이터의 특징을 정의하기도 한다.

- 정확성(Veracity) : 빅데이터 시대에는 정보의 양이 많아지는 만큼 데이터의 신뢰성이 떨어지기 쉽다. 따라서 빅데이터를 분석하는 데 있어 기업이나 기관에 수집한 데이터가 정확한 것인지, 분석할 만한 가치가 있는지 등을 살펴야 하는 필요성이 대두되었다.
- 가치(Value) : 빅데이터는 결국 비즈니스나 연구에서 유용한 가치를 이끌어낼 수 있어야 그 의미가 있다. 데이터를 수집할 때 그 데이터를 활용하여 무엇을 할 수 있을지에 대한 고민이 필요하다.
- 가변성(Variability) : 최근 소셜미디어의 확산으로 자신의 의견을 웹사이트를 통해 자유롭게 게시하는 것이 쉬워졌지만 실제로 자신의 의도와 달리 자신의 생각을 글로 표현하게 되면 맥락에 따라 자신의 의도가 다른 사람에게 오해를 불러일으킬 수 있다.
- 시각화(Visualization) : 빅데이터는 정형 및 비정형 데이터를 수집하여 복잡한 분석을 실행한 후 용도에 맞게 정보를 가공하는 과정을 거친다. 이때 중요한 것은 정보의 사용 대상자의 이해정도이다. 그렇지 않으면 정보의 가공을 위해 소모된 시간적, 경제적 비용이 무용지물이 될 수 있기 때문이다.

▼ 그림 5-10 빅데이터의 구성요소

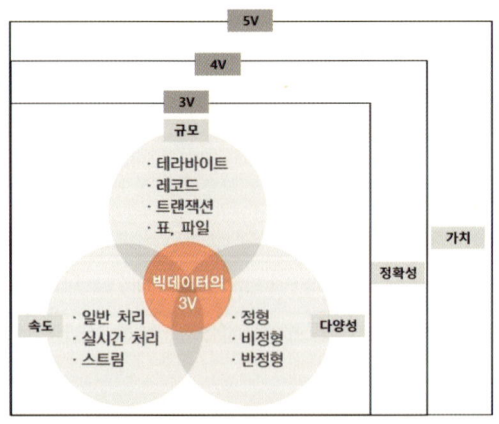

출처 : https://ikkison.tistory.com/66

3. 빅데이터의 크기 및 유형

1) 빅데이터 크기

지금까지 인류가 생성한 데이터의 90퍼센트 이상이 최근 2~3년 안에 생성되는 등 데이터는 우리의 일상생활에 깊숙이 들어와 있고, 삶의 방식을 완전히 새롭게 바꾸어 놓았다. 데이터 양이 얼마 정도의 크기(용량)부터 빅데이터라고 부를 수 있을까? 일반적인 핸드폰에서 찍은 사진의 크기가 3MB(메가바이트) 정도라고 가정한다면, 1,000장의 사진은 3,000MB, 즉 3GB(기가바이트) 정도가 된다.

빅데이터라고 말할 수 있을 정도의 크기는 수십 TB(테라바이트)에서 PB(페타바이트)는 되어야 한다고 한다. 1PB는 100GB 용량의 핸드폰이 10,000대 분량이라고 하면 이해하는 데 도움이 될 듯하다.

❙표 5-1 데이터의 크기 및 단위

접두어	기호	값
킬로(kilo)	k	$1000^1 = 10^3$(천)
메가(mega)	M	$1000^2 = 10^6$(백만)
기가(giga)	G	$1000^3 = 10^9$(십억)
테라(tera)	T	$1000^4 = 10^{12}$(일조)
페타(peta)	P	$1000^5 = 10^{15}$(천조)
엑사(exa)	E	$1000^6 = 10^{18}$(백경)
제타(zetta)	Z	$1000^7 = 10^{21}$(십해)
요타(yotta)	Y	$1000^8 = 10^{24}$(일자)

2) 빅데이터 유형

이처럼 다양하고 방대한 규모의 데이터는 미래 경쟁력의 우위를 좌우하는 중요한 자원으로 활용될 수 있다는 점에서 주목받고 있다. 대규모 데이터를 분석해서 의미있는 정보를 찾아내는 시도는 예전에도 존재했다. 그러나 현재의 빅데이터 환경은 과거와 비교해 데이터의 양은 물론 질과 다양성 측면에서 패러다임의 전환을 의미한다.

이런 관점에서 빅데이터는 산업혁명 시기의 석탄처럼 IT와 스마트혁명 시기에 혁신과 경쟁력 강화, 생산성 향상을 위한 중요한 원천으로 간주되고 있다. 데이터의 유형을 원천별로 구분해 보면, 정형 데이터 뿐만 아니라 반정형 데이터 및 사진, 오디오, 비디오, 소셜미디어 데이터, 로그 파일 등과 같은 비정형 데이터로 구분된다.

의미를 파악하기 힘든 비정형 데이터가 빅데이터를 더욱 활발하게 연구하는데 한 몫을 하게 되는데, 대용량의 비정형 데이터를 분석함으로써 새로운 인사이트(Insight)를 얻게 되기 때문이다.

▎표 5-2 데이터 유형

정형 데이터	행과 열을 갖는 표준 데이터베이스와 같이 관계형 스키마로 구성된 데이터로 간단한 질의문을 통해 원하는 정보를 획득해 활용	ex)데이터베이스, 스프레드 시트 등
반정형 데이터	행과 열을 갖는 표준 데이터 베이스와 같이 관계형 스키마로 구성된 데이터로 간단한 질의문을 통해 원하는 정보를 획득해 활용	ex) 시스템 로그, 센서 데이터, HTML 등
비정형 데이터	구조화되지 않은 임의의 형식	ex) 이미지, 동영상, 이메일, 문서 등

출처 : https://blog.his21.co.kr/252

4. 빅데이터 기술

빅데이터로부터 지식을 발굴해 활용하기까지는 '데이터 생성 및 수집, 저장, 처리, 분석, 시각화'와 같은 여러 단계를 거치며 각 단계를 지원하는 기술이 존재한다.

1) 빅데이터 생성 및 수집 기술

조직 내부의 빅데이터는 자체적으로 보유한 파일관리 시스템이나 데이터베이스 관리 시스템 등을 통해 생성한다. 조직 외부에 존재하는 데이터는 인터넷으로 연결하여 데이터를 생성하여 수집한다.

- 조직 내부에 존재하는 정형 데이터는 로그 수집기를 통해 수집
- 조직 외부에 존재하는 비정형 데이터는 크롤링, RSS Reader 또는 소셜 네트워크 서비스에서 제공하는 open API를 이용한 프로그래밍을 통해 수집

2) 빅데이터 저장 기술과 처리 기술

빅데이터 저장 기술은 작은 데이터라도 모두 저장하고 실시간으로 저렴하게 데이터를 처리하고 처리된 데이터를 더 빠르고 쉽게 분석하도록 효율적으로 저장하는 기술을 의미한다. 빅데이터 처리 기술은 엄청난 양의 데이터의 저장, 수집, 관리, 유통, 분석을 처리하는 일련의 기술을 의미

3) 빅데이터 분석 기술과 시각화 기술

빅데이터 분석 기술은 데이터를 효율적으로 정확하게 분석하여 비즈니스 등의 영역에 적용하기 위한 기술이다. 빅데이터 시각화 기술은 자료를 시각적으로 묘사하는 기술로 데이터 안의 수많은 패턴을 시각화하여 핵심 개념과 아이디어를 직관적이고 명확하게 이해할 수 있다.

표 5-3 빅데이터 기술 분류

과정	설명	해당 기술
생성	조직의 내부와 외부에 존재하는 여러 데이터를 생성하는 기술	• 데이터베이스(Database) • 파일관리시스템 (File Management System) • 인터넷으로 연결된 파일 등
수집	조직의 내부와 외부에서 생성되는 여러 데이터 소스로부터 필요로 하는 데이터를 검색하여 수동 또는 자동으로 수집하는 과정과 관련된 기술로 단순 데이터 확보가 아닌 검색, 수집, 변환을 통해 정제된 데이터를 확보하는 기술	• 로그수집기 • RSS Reader, Open API • 크롤링 • ETL 등 • 센싱
저장	작은 데이터라도 모두 저장하고 실시간으로 저렴하게 데이터를 처리하고 처리된 데이터를 더 빠르고 쉽게 분석하도록 효율적으로 저장하는 기술	• 분산파일시스템 (Distribute File System) • NoSQL • 병렬 DBMS 등
처리	엄청난 양의 데이터의 저장, 수집, 관리, 유통, 분석을 처리하는 일련의 기술	• 실시간 처리 • 분산병렬처리 • 맵리듀스(Map Reduce) 등
분석	데이터를 효율적으로 정확하게 분석하여 비즈니스 등의 영역에 적용하기 위한 기술로 이미 여러 영역에서 활용해 온 기술	• 통계분석 • 평판분석 • 데이터 마이닝 • 소셜 네트워크 분석 등 • 텍스트 마이닝
시각화	자료를 시각적으로 묘사하는 기술로, 빅데이터는 기존의 단순 선형적 구조의 방식으로 표현하기 힘들어 필수적임	• 정보편집기술 • 정보 시각화 기술 • 시각화 도구 등

출처 : 한국정보화진흥원.

5. 빅데이터 분석 기술

빅데이터를 통해 인사이트를 얻기 위해서는 단계적 분석 기술을 갖추고 있어야 한다. 이를 가트너 그룹의 네 가지 분류 방법을 통해 설명해 보면

1) 묘사 분석(Descriptive Analytics)

과거에서 현재 데이터를 통해 무엇이 일어났고, 일어나고 있는지를 파악하기 위한 분석으로 특정 시점 또는 특정 기간에 발생한 결과를 보여주는 간단한 보고서 및 시각화를 제공한다.

2) 진단 분석(Diagnostic Analytics)

과거 데이터를 통해 왜 일어났는지 찾기 위한 분석으로 발생 패턴을 파악하거나, 데이터 분류 또는 원인의 요인을 찾는 분석으로 고급 기능을 통해 분석가는 데이터를 자세히 조사하고 주어진 상황의 근본 원인을 파악한다.

3) 예측 분석(Predictive Analytics)

현재 생성되는 데이터를 통해 무엇이 일어날 것인지 예측하는 것으로 현재 상태에 대한 확률을 구하여 현상을 예측하는 분석으로 고급 알고리즘인 인공지능과 기계 학습 기술을 사용한다.

4) 처방 분석(Prescriptive Analytics)

처방 분석은 우리는 무엇을 해야 할 것인가 등 조직에 원하는 결과를 달성하기 위해 수행해야 할 작업을 알려준다.

▼ 그림 5-11 애널리틱스 가치 단계

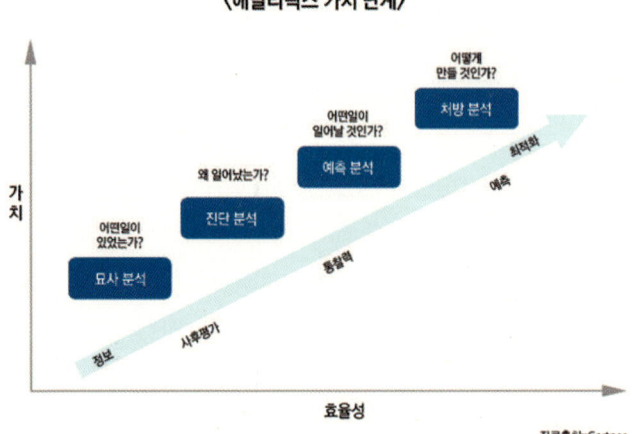

출처 : https://fpost.co.kr/board/bbs/board.php?wr_id=5&bo_table=fsp54

6. 빅데이터를 활용한 사례들[8]

오늘날의 데이터는 자산, 자본 혹은 경쟁력을 좌우할 21세기 원유라고도 한다. 원유는 정제 과정을 거쳐 석유나 휘발유가 되기도 하지만 플라스틱, 의약품 원료, 섬유류로도 재탄생합니다. 이처럼 데이터는 여러 분석 과정을 거치면서 전혀 의도하지 않았던 정보도 만들어 주기에 원유에 비유된다.

데이터를 알면 수백 년 전 기록을 바탕으로 미래를 예측할 수도 있다. 역사적 데이터를 기반으로 한 과거 기상 데이터는 향후 몇십 년 내 지진이나 화산 폭발과 같은 예측에 도움을 줄 수 있다. 다음의 월마트, 넷플릭스, 페이팔 금융권 등 빅데이터를 활용한 성공사례를 살펴본다.

---

8) 상세내용 버나드 마(Bernard Marr, 2017) 참조 및 출처 : https://www.elec4.co.kr/article/articleView.asp?idx=15220

1) 월마트(Walmart) : 빅데이터로 슈퍼마켓 매상을 올리고 '토탈 AI' 전략을 채택

월마트는 세계에서 가장 큰 유통업체이며 가장 높은 수익을 올리고 있는 사업체이다. 전 세계에 2백만 명이 넘는 직원을 고용하고 있으며, 28개 나라에 2만 개가 넘는 매장을 가지고 있다. 2011년 **페스트 빅데이터(Fast Big Data)** 팀을 만들어 빅데이터를 연구하고 데이터 기반의 **새로운 사업**을 시작했다.

월마트가 효과적인 데이터 마이닝을 적용해 고객 전환율을 높였다. 우수한 고객 경험을 제공하려는 동기로 빅데이터 분석에 박차를 가하고 있다. 이 새로운 사업의 절정은 **데이터카페(Data Cafe)**라고 불리는 최첨단 분석 허브이다. 데이터카페에서 분석팀은 판매업무 데이터베이스를 포함해 2백 개의 내부 외부 데이터의 흐름을 실시간으로 관찰할 수 있다. 2015년 이후 분석 부서를 크게 확장하였고, 정보를 처리할 수 있는 데이터 클라우드를 만들었다.

또한, 최근에는 대규모 매장과 가격경쟁력을 갖고 있는 월마트는 이런 핵심역량을 유지하면서 **온라인과 AI에 집중 투자**하고 있다. AI 기술을 모두 활용하는 '토탈 AI' 전략을 채택하고 있고 건강 금융 등 업종의 경계를 뛰어넘어 새로운 플랫폼 기업으로 도약도 꾀하고 있다. 전통 기업이 AI를 활용해 새로운 유통기업으로 변하는 파괴적 혁신이 일어나고 있다.

2) 넷플릭스(Netflix) : 소비자가 원하는 프로그램을 제공하기 위해 빅데이터를 이용

넷플릭스(Netflix, Inc.)는 '인터넷(Net)'과 '영화(Flicks)'를 합성한 이름으로 전 세계 190여 개 나라에서 2억 2,300만 명의 직접 회원을 보유한 스트리밍 엔터테인먼트 기업으로서 영화와 드라마, TV 프로그

램, 다큐멘터리, 애니메이션 등의 매우 다양한 장르의 콘텐츠들을 언제, 어디서나 무제한으로 모든 기기에서 볼 수 있는 플랫폼이다.

넷플릭스 회원들이 영화, 다큐멘터리, 드라마 등 다채로운 콘텐츠를 즐기는데 들이는 시간은 하루 평균 1억 2천 5백만 시간 이상이다. 대한민국에는 2016년 1월 7일에 진출했다.

넷플릭스를 진정한 빅데이터 회사로 만든 것은 **최첨단 분석 기법**에 의한 데이터 조합이다. 전문가를 늘 모집하는 구인광고, 2006년부터 시작된 '추천 엔진', 태그(꼬리표) 프로젝트, 시청 습관을 효과적으로 파악하기 위한 8만 가지의 '세부 유형' 정의 등 전략은 확실하게 데이터에 의해 주도되었다. 또한 넷플릭스는 개별 시청자들의 선호도를 분석 '개인 **맞춤형 TV**'의 기초를 다지기 시작했다.

3) 페이팔 : 사기 막기 위해 딥러닝 도입

갈수록 증가하고 있는 온라인 쇼핑몰 사기수법을 분석 및 예방하기 위해 딥러닝(Deep learning)을 도입했다.

페이팔은 사기방지 전문가와 함께 '탐정이 하는 것과 같은 방법론(Detectivelike Methodology)'을 적용할 수 있게 했다. 이로 인해 페이팔은 전 세계에서 이뤄지고 있는 온라인 결제에서 발견된 수만 개의 잠재적 특징을 분석해 특정 사기유형과 비교하거나 사기방식을 탐지하고 다양한 유사수법을 파악할 수 있게 되었다.

4) MLB : NFL에 빼앗긴 시장 되찾기 위해 빅데이터 도입

MLB(Major League Baseball)는 1950년대에서 지금까지도 가장 인기 있는 스포츠이다. 하지만 TV의 동작 이후 NFL(National Football League)의 등장으로 시청률, 스폰서쉽, 구단용품 판매 등에서 NFL에 시장을 빼앗겼으며, 야구팬의 고령화와 시청자수 감소로 대책 마련이 필요했다.

MLB는 2015년부터 투구, 타구, 선수들의 움직임을 모두 포착하는 스 탯캐스트(Statcast) 시스템을 30개 구장 모두에 설치하고 공의 궤적을 추적할 수 있는 레이더 장비업체인 트랙맨(Trackman)과 영상 장비업 체 카이론히고(Chyron Hego)와 협력했다.

MLB는 이 스탯캐스트 시스템을 통해 모든 경기 이닝마다 투수의 피 칭, 타자의 배팅, 타구에 대한 수비수들의 움직임 등을 추적하고 기록 했다. 축적된 기록은 세밀한 통계 분석을 가능하게 해 야구의 흥미를 배가시켰고, 그 흐름은 과학적 통계로 야구를 분석해 의미 있는 인사 이트를 찾아내는 것에 초점을 맞출 수 있게 되었다. 투구 분석뿐만 아 니라 타구와 선수의 움직임을 모두 처리한 데이터양은 경기당 3TB~7TB에 이른다고 한다. 스탯캐스트 시스템은 투구의 속도와 궤 적, 공의 회전 방향부터 투수의 보폭과 자세를 보고 타자가 예측하는 속도와 어떻게 다른 지까지 분석할 수 있다.

MLB의 빅데이터 도입은 데이터 분석을 통해 고객 만족 실현에 있었 으며, 이외에 다양한 채널을 통한 야구 중계, 게임, 마케팅, 스포츠 교 육 등 다양한 분야에 활용할 수 있음을 보여주고 있다.

5) GE(General Electric)

SW 및 데이터 분석 기업으로 전환을 선언한 GE는 자사에서 생산 중인 **비행기 엔진(Genx)에 센서를 부착**했다. 그리고 이 센서로부터 수 집된 빅데이터를 자사의 인공지능 플랫폼인 '**프리딕스(Predix)**'에서 분 석한다. 이를 통해 실시간 엔진상태 점검, 정비 시기 알림 제공, 비행 경로 관리, 비행시간 단축 및 연료절감 등 항공기 유지보수 비용 감소 와 안전보장 서비스를 고객(항공사 등)에게 제공하고 있다.

6) 금융권

빅데이터를 활용해 새로운 비즈니스 아이템을 발굴하는 대표 분야로 금융권을 들 수 있다. 국내 은행 및 카드사들은 빅데이터 분석을 통해 고객의 연령, 성별대 별로 라이프 스타일을 파악하고 각각의 관심사에 맞는 금융상품을 설계해 출시하고 있다. 보험사들도 마찬가지이다. 그간의 보험 사례 빅데이터를 분석해 임산부나 어린 자녀를 둔 부모가 사고를 적게 낸다는 사실을 발견하고 관련 상품개발에 응용했다.

이처럼 다양한 분야에서 고객의 니즈에 맞는 상품을 개발, 보완, 출시하기 위해 빅데이터를 수집, 활용, 분석하여 가치 있는 의미를 추출하여 능동적으로 대응하고 있다.

5장 참고문헌

1. 4차산업혁명위원회. (2018.06). 「데이터 산업 활성화 전략」.
2. 공용준. (2020.03). 클라우드 전환 그 실제 이야기 : 지속 가능한 클라우드. 에이콘.
3. 윤혜식. (2022.01). 클라우드 : 새로운 기술 생태계의 탄생. 미디어샘.
4. 정연. (2021.11). 클라우드 서비스 쉽게 이해하기 - 개념과 종류.
5. 황치하. (2021.02). 클라우드 서비스의 장·단점과 국내외 시장 동향.
6. 위키백과. (2022). 클라우드 컴퓨팅.
7. Hu, Tung-Hui. (2015). ≪A Prehistory of the Cloud≫. MIT Press. ISBN 978-0-262-02951-3.
8. IDC. (2021.08). 국내 클라우드 IT 인프라 시장 전망
9. Millard, Christopher. (2013). ≪Cloud Computing Law≫. Oxford University Press. ISBN 978-0-19-967168-7.
10. Singh, Jatinder; Powles, Julia; Pasquier, Thomas; Bacon, Jean. (2015.07). "Data Flow Management and Compliance in Cloud Computing". ≪IEEE Cloud Computing≫ 2 (4) : 24-32. doi:10.1109/MCC.2015.69.
11. Statista. (2021). 세계 클라우드 서비스 시장 점유율
12. 노윤재. (2016.04). 빅데이터에 대한 환상과 실체.
13. 박두순·문양 조세·박영호·윤창현·정현석. (2014). 빅데이터 컴퓨팅 기술. 한빛 아카데미.
14. 박성규. 2016.09.02. 향후 유망한 빅데이터 기술 베스트 10. 전자과학(elec4).
15. 버나드 마 옮긴이 안준우. (2017.07). 빅데이터 4차 산업혁명의 언어. 학고재.
16. 복경수. (2017.04). "4차 산업혁명과 빅데이터" 발표자료,

17. 복경수·유재수. (2017.06). "4차 산업혁명에서 빅데이터". 정보과학회지 제35권 제6호. 29 – 39.
18. 정보화사회실천연합. (2019.10). 빅데이터 분석모델 특성.
19. 주해종·김혜선·김형로. (2017.06). 빅데이터 기획 및 분석. 크라운출판사
20. 최성. (2021.10). 4차 산업혁명의 핵심 인공지능. 광문각.
21. 최천규·김주원. (2019.01). 빅데이터 비즈니스 블루오션. 한국학술정보(주).
22. 한국기술교육대학교 온라인평생교육원. (2022.07). 빅데이터 입문
23. 한국디지털정책학회 빅데이터전략연구소. (2015.04). 빅데이터 분석. 와우패스.
24. 한국정보화진흥원. (2013). 빅데이터 기술 분류 및 현황.
25. 한국소프트웨어기술협회 빅데이터전략연구소. (2021.05). 빅데이터 개론. 광문각.
26. 후쿠하라 마사히로 외 옮긴이 이현욱. (2016.11). 인공지능 빅데이터. 경향비피.
27. IDC. (2022.02). 국내 빅데이터 및 분석 시장 전망
28. 네이버 지식백과. (2022). 빅데이터의 특징 참고
29. 노윤재. (2016.04). 빅데이터에 대한 환상과 실체.
30. 빅데이터의 공통적 속성과 새로운 V. (2018.12.19).
    https://terms.naver.com/entry.nhn?docId=3386305&cid=58370&categoryId=58370&expCategoryId=58370

제 **6** 장

인공지능(AI) 비즈니스 이해

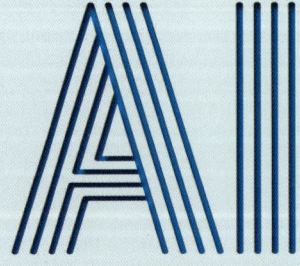

제1절 비즈니스 지원을 위한 인공지능
제2절 인공지능 비즈니스 성공 사례1(소매업)
제3절 인공지능 비즈니스 성공 사례2
       (자율주행차)
제4절 인공지능 비즈니스 성공 사례3(제조업)
제5절 인공지능 비즈니스 성공 사례4
       (의료 및 헬스케어)

SECTION 1

비즈니스 지원을 위한 인공지능

1. 인공지능의 비즈니스 및 시장구조 변화

최근 AI로 무장한 기업들의 성장세가 지속되고 있으며 애플, 마이크로소프트, 아마존, 구글(알파벳), 페이스북(현재 메타)은 주요한 IT 및 AI 기업들이 세계 기업 시가총액 순위에서 10위권을 독차지하고 있다. 과거 제조, 에너지 등 전통적인 산업의 강자들이 주도하던 경제가 IT, AI 등 디지털 기술 기업들이 주도하는 경제로 바뀌었다.

현재 AI 기술개발을 주도하고 있는 IT 기업들이 데이터와 AI 역량을 바탕으로 다양한 분야로 진출하고, 다시 빅데이터를 축적하여 AI 역량을 강화하여 많은 산업에서 승자독식이 강화되고 있다. 이들 기업은 소프트웨어, 온라인쇼핑, SNS 등 IT 분야를 넘어 미디어, 자동차, 헬스케어 등으로 사업 분야를 확대하고 있다.

AI로 인한 비즈니스와 기업의 변화에 대해서는 두 가지 견해가 공존한다. AI 역량을 확보한 기업은 무한히 성장할 것으로 전망과 AI의 영향력이 작을 것이라고 평가하는 측에서는 AI를 통해서 효율성을 일부 개선하는 데 그칠 것이라고 두 가지 견해가 있다.

2016년 AI 알파고 쇼크 이후 최근까지 지배적인 견해는 AI가 과거 그 어떤 기술보다도 인간의 삶과 비즈니스에 큰 영향을 미칠 것이라는 낙관적인 전망이다. 또한 스위스 세계경제포럼에서 슈밥 회장은 인공지능(AI) 등 디지털 및 물리적 기술 등이 4차산업혁명을 일으킬 것으로 전망했다. 더 나아가 미래학자 레이먼드 커즈와일은 인공지능이 점점 발전하여 2045년경에는 모든 인간의 지능을 능가하는 기술적 특이점이 도래할 것이라고 말한다. AI 기업이 무한히 성장할 수 있다고 주장하는 이들은 그 메커니즘을 플랫폼에서 나타나는 네트워크 효과와 빅데이터 효과로 설명한다.

하지만 최근에는 AI의 효과가 지나치게 과장되어 있고 현실에서는 제한적일 수 있다는 비판적인 견해도 등장하고 있다. 예를 들어 영국의 이코노미스트는 2020년 6월 특집 기사를 통해 AI에 대한 최근의 높은 기대와는 달리 실제 기업들의 투자는 감소하고 있다고 지적했다.
많은 산업 전문가들은 현장에서 AI를 실제로 활용하기가 어렵다고 말한다. 특히 제조업의 경우 온도, 습도, 열, 압력 등 통제하기 어려운 요인들이 너무 많아서 수많은 외부 불확실성이 존재하기 때문에 의미 있는 데이터를 확보하기가 어렵다. 또한 연구·개발 데이터는 빠른 주기로 변경되기 때문에 기존에 축적해놓은 데이터의 가치가 점차 낮아지고 등 비정형 데이터의 경우 수치화가 어렵다.

또한 전문가들은 인공지능의 기술적인 한계도 지적한다. 뉴욕대학교 심리학 및 신경과학 교수인 게리 마커스는 2018년 1월 '딥러닝 : 비판적 평가'라는 논문을 발표하고 심층신경망을 활용한 모델의 한계점들을 지적했다. Economist(2020)는 현재까지 AI가 기대에 비해 성과가 저조하다며 과거 첫 번째(1974-80)와 두 번째(1987-93)에 이어 "다시 'AI의 암흑기'가 도래할 것인가?"라는 질문을 던진다.

그러나, 이는 AI 기술에 대한 대표적인 오해에서도 기인한다.

① 알파고의 예처럼 딥러닝을 통해 AI가 인간의 지능 수준까지 도달할 수 있다.
- 현재 AI 기술은 이미지인식, 보드게임 등 특화 분야에서는 성과를 내고 있다.
- 인간 지능의 근본적인 측면인 추론, 계획, 개념과 같은 의사결정에는 아직까지 괄목할 만한 성과를 보이지 못하고 있다.

② AI는 일관성이 있고 Bias가 없다. 즉 객관적이며 거의 100% 정확하다.
- 데이터를 기반으로 한 결과 예측이나 분석
- 데이터의 양이나 질에 따라 분석이 치우칠 확률이 높아, 현장 적용에 실패한 사례들이 나오고 있다.

③ 충분한 데이터를 제공한다면 딥러닝으로 문제를 해결할 수 있다.
- 데이터 양이 많아지면 성능이 향상되나, 어느 정도를 넘어선다.
- 데이터 양이 성능에 영향을 미치지 못하고 최종 의사결정은 사람이 해야 한다.

④ AI는 알아서 학습하고 발전하므로 모든 업무에 AI를 적용할 수 있다.
- 현재 AI가 사람을 대체할 수 있는 분야는 규칙성 있는 반복 작업 정도이다.
- 복합적인 지능을 요구로 하는 업무에는 인간을 돕는 용도로 적용될 수 있어, 아직 대체할 수 있는 수준이 아니다.

이처럼 상반된 견해가 공존하는 상황에서 우리가 균형적인 관점을 갖기 위해서는 AI의 영향력이 여러 상황에 따라 다르다는 사실을 인지해야 한다.

2. 인공지능 비즈니스의 탄생 및 현재

인공지능은 1950년대에 탄생하였으나 관련 기술 및 컴퓨팅 파워의 한계로 비즈니스에 접목은 1990년대까지 더딘 발전을 보였다. 그러다가 IBM이 개발한 슈퍼컴퓨터 '딥블루(Deep Blue)'이 1997년 체스 챔피언을 꺾으며 중요한 전환기를 맞았다. 또한 '왓슨(Watson)'이라는 슈퍼컴퓨터 개발하여 2011년 퀴즈쇼 제퍼디(Jeopardy)에서 우승자들과 퀴즈 대결을 펼쳐 완벽한 승리를 거두었다.

인공지능 비즈니스의 한 줄기는 IBM에서 시작되었으며, 다른 한 줄기는 미국 국방성에 의해 발전되기 시작했다. 미 국방성(DARPA)은 음성인식 서비스인 '시리(Siri, Speech Interpretation and Recognition Interface)'와 '자율주행차(Self Driving Car)'로 대표되는 인공지능 기술을 개발하였다. 2010년 애플이 시리를 인수하였으며 현재의 시리에 이르게 되었으며, 2004년부터 시작된 그랜드 챌린지는 자율주행차 기술이 본격적으로 발전하는 계기가 되었다.

이 같은 배경 하에 발전하기 시작한 인공지능 비즈니스는 2010년경 눈에 띄는 성장을 하였다. 구글, 아마존, 페이스북, 애플 등 IT 기업들의 과감한 투자와 인공지능 생태계의 혁신적인 변화가 인공지능 기술들의 급격한 성공의 계기가 되었다. 또한 대량의 데이터를 빠르게 수집하는 빅데이터 기술, 다양한 머신러닝 알고리즘, 강력한 컴퓨팅 기술의 발전 등이 인공지능 비즈니스의 성장에 큰 기여를 하였다.

이런 발전 속도에 걸맞게 인공지능 비즈니스에 대한 투자 또한 대폭 증가하고 있다. 미국 국립과학재단이 2018년 발표한 자료에 따르면 인공지능 스타트업에 투자한 금액은 2013년 12억 달러에서 2016년 39억 달러로 3배 이상 증가했다.

3. AI의 비즈니스 활용 및 유형

비즈니스 분야에서 AI 활용은 크게 '기존 업무의 효율화 및 고도화, AI를 활용한 신규 서비스 개시, 비즈니스 규모의 확대, 실제 세계의 지능화' 측면에서 나누어 이해할 수 있다. 또한 비즈니스 지원을 위한 '비즈니스 프로세스 자동화, 데이터 분석을 통한 통찰력 확보, 고객이나 직원 참여' 3가지 유형의 AI로 구분할 수 있다.

1) 기존 업무의 효율화 및 고도화

인간이 수행해온 업무를 AI로 대체하거나 혹은 AI가 인간을 지원하는 것이다. 업무를 완전히 AI로 자동화할 수 있으면 좋겠지만 일부 업무만 AI로 대체되는 것이 일반적인 경우이다. 대표적 적응 분야로는 접객 업무 및 심사 업무 등을 들 수 있다.

2) 신규 서비스의 개시

AI를 활용하여 데이터를 분석하고 그 결과를 이용하여 새로운 서비스를 창조하는 것이다. 예를 들어, 냉장고 제조업체가 AI를 활용하여 사용자가 구입한 야채 및 음식에 대한 데이터에 대해 정확히 파악한다면, 조리에 대한 정보 및 영양 밸런스를 조언하는 서비스를 제공할 수 있다. 영양 밸런스가 건강에 직결된다면 생명보험 분야로 진출할 수도 있다.

3) 비즈니스 규모의 확대

AI를 활용하여 비즈니스 규모를 확대하는 경우이다. 비즈니스가 어느 정도 궤도에 오른 경우 희소자원의 확보 및 인력의 양성 등의 문제가 발생한다. 구글이나 페이스북은 AI에 일을 시킴으로써 기업 성장을 가로막는 인력 문제를 해결하였고, 인건비도 대폭 절감하였다.

4) 비즈니스 프로세스 자동화

(1) 프로세스 자동화

생산성을 높이기 위해서 활용되고 있는 대표적인 기술은 로봇 프로세스 자동화(RPA, Robotic Process Automation) 기술이다. 반복적인 작업을 자동화해서 비즈니스 프로세스를 간소화하는 규칙 기반의 소프트웨어이다.

프로세스 자동화의 장점은 ① 기존 방법보다 적은 비용, 시간으로 고품질의 수요를 달성 가능 ② 업무 프로세스 자동화를 위해 부분적인 Back-End 단순업무처리 운영효율화(높은 ROI) 등이다.

(2) 로봇 프로세스 자동화(RPA)의 업무 유형

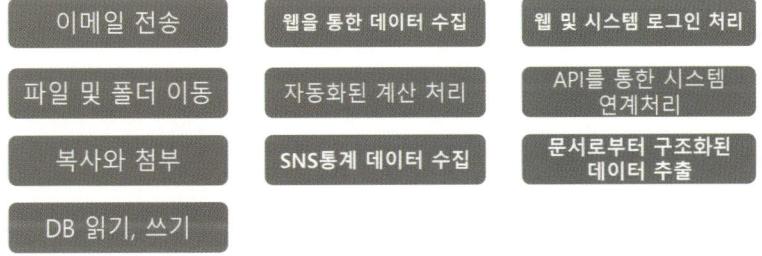

(3) 로봇 프로세스 자동화(RPA) 도입 사례

많은 회사에서 활발하게 RPA 도입을 추진하고 있다. ① 판례분석을 RPA로 자동화 ② 암 진단에 RPA를 사용해서 오진율을 20% 축소 ③ 렌탈 계정의 현황 모니터링, 렌탈 자산의 현황 및 판매실적 집계, 청구 내역 조회

SECTION 2

인공지능 비즈니스 성공 사례1 (소매업)

1. 소매업(아마존 고)

무인 점포의 대중화 시대를 연 아마존고(Amazon Go)는 미국 최대 전자상거래 기업 아마존(Amazon)이 운영하는 세계 최초의 무인 슈퍼마켓이다. 첫 번째 매장은 워싱턴주 시애틀에서 운영되고 있으며, 2016년 12월 5일 직원들을 대상으로 시험 운영을 거쳐 2018년 1월부터 일반 소비자에게 공개했다.

2018년 아마존고는 시애틀에만 7개가 문을 열었고 시카고, 샌프란시스코, 뉴욕 등에 20개가 설치됐다. 2021년 3월부터는 영국의 런던을 비롯한 여러 지역에 30개의 아마존고 매장이 있으며, 식료품점 매장 '아마존고 그로서리(Grocery)', 대형마트 '아마존 프레시(Amazon Fresh)' 등까지 등장했다.

아마존고는 대규모로 전체 총괄 시스템을 적용한 세계 최초의 무인매장 사례로 소매점의 기본적인 기능인 고객으로부터 돈을 받고 상품으로 교환하는 일을 무인으로 실현했다.

아마존고는 **3무 정책(3 No Policy)** 슬로건으로 이용 절차와 기술을 적용하였다. '노 라인 노 체크아웃 노 레지스터(No Lines No Checkouts No Registers)'이란 슬로건에서 알 수 있듯이 계산원, 계산대, 대기줄이 존재하지 않는 미래형 쇼핑 공간이다.

▼ 그림 6-1 아마존 고

출처 : SK텔레콤 뉴스레터, https://news.sktelecom.com/102478

반면, 월마트가 아마존고 출시 직후 선보인 '스캔앤고(Scan& Go)'는 무인점포에 거의 근접했다. 월마트는 고객이 '스캔앤고' 앱을 다운로드 받은 뒤 매장에 들어가 필요한 상품의 바코드를 휴대전화로 스캔하도록 했다. 앱에 구매 상품 목록이 저장되기 때문에 매장을 나갈 때 직원에게 전자 영수증을 보여주기만 하면 된다.

참고로 월마트가 자회사인 샘스클럽(Sam's Club) 645개 매장에 스캔앤고를 도입한 여파로 7,000명의 직원이 일자리를 잃게 될 것이란 전망이다. 그럼에도 불구하고 아마존고의 확산은 빠르게 진행될 것으로 보인다. 아마존고가 '미래 시장'이라면 아마존고의 확대 역시 예견된 미래다.

2. 아마존고의 인공지능 기술

이 시스템 뒤에는 사방 천지에 깔린 카메라가 있었다. 고객이 집은 물건을 블랙박스 센서가 자동 감지해 AI로 전송하면 중앙 컴퓨터가 카운팅하는 방식이다. 여기에는 머신러닝, 컴퓨터 비전[9] 등 첨단 기술이 활용됐다. 고객이 계산을 하기 위해 길게 줄을 설 필요가 없는 그야말로 IT 혁명이었다.

▼ **그림 6-2** 아마존 무인 매장 솔루션

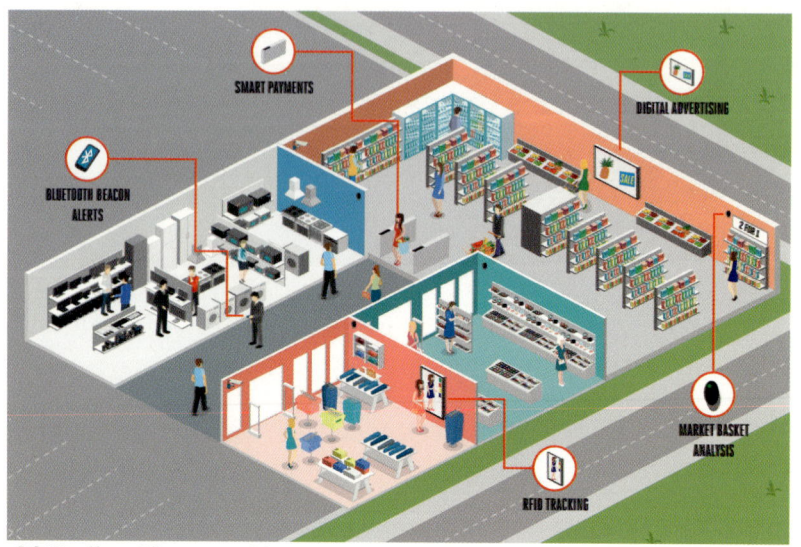

출처: https://www.atalianservest.co.uk/

아마존의 무인 결제 시스템인 '**저스트 워크 아웃(Just Walk Out)**' 기술은 사물인터넷(IoT) 센서, 컴퓨터 비전, 딥러닝 등을 활용해 판매 상품을 식별해 자동으로 결제가 되도록 지원한다. 여기에는 아마존이 2014년 특허를 획득한 바 있는 '물품 재배치' 특허 기술이 적용되고 있다. 여러 카메라와 마이크가 고객이나 점원의 위치를 실시간으로 추적하며 움직임을 파악하는 기술이다.

마치 자율주행차가 주변 영상과 음성을 실시간 수집해서 도로를 누비는 것과 같은 원리이다. 매장 입구에서 고객이 스마트폰 앱으로 QR 코드를 태그하면 감시 시스템이 작동하여 매장 내 카메라를 활용하여

9) 컴퓨터가 사람의 눈처럼 이미지를 인식하는 기술

사용자의 위치를 식별하고 동선을 추적하는 것이다. 고객이 어떤 물건 앞에서 몇 초간 멈춰 섰으며 해당 물품을 집어서 가방에 넣었는지 등 세밀한 동작도 모두 식별이 가능하다.

고객이 한 번 집어 들었던 상품을 다시 진열대에 가져다 놓을 경우 IoT 장치는 이를 정확히 인식해 낼 수 있다. 이에 따라 아마존의 앱 시스템은 계정의 장바구니에서 구매 물량을 가감하게 된다. 이후 소비자는 계산대를 거치지 않고 그대로 매장 밖으로 나가면, 자동 계산되면서 5초 후에 등록한 본인의 계정에서 자동으로 결제가 진행된다. 영수증은 앱을 통해 확인한다.

3. 아마존고의 글로벌화

아마존은 자사 무인정산 시스템을 적용한 '**아마존 프레시**' 매장을 영국 런던에 오픈하며, 장기적으로 전 세계로 확대할 계획이다. 향후 최대 30개 점포를 영국 전역에 설치할 계획이다. 이 같은 사실은 2020년 11월 기존 유통업체 몬순의 점포에 간판 설치 허가를 신청하면서 드러났다. 아마존은 '노 라인, 노 체크아웃'을 포함한 자사의 여러 상표권 신청서를 영국 특허청에 제출하였다.

아마존고의 여파는 아시아에도 닿았다. 일본의 컨비니언스 스토어 로손은 2020년 2월부터 계산대 없는 실험 점포 '후지쯔 신가와사키 TS 레지레스점'을 오픈했고, 이어 도쿄도 내의 점포 전체에 아마존 고와 유사한 시스템을 깔았으며 현재 로손의 1만 4,600개 점포로 확장 중이다. 로손은 인공지능을 사용한 가상 점원(AI 점원)도 발표했다.

중국도 무인 점포 시장 진출에 적극적이다. 알리바바는 무인 편의점 '타오카페'와 수산물, 채소 등 신선식품 무인 매장 '허마센셩' 등을 운영 중이다. 중국 전역에서 200개 이상의 매장이 있는 것으로 알려졌다. 상하이 시내에 문을 연 편의점 아이쑤나는 스마트폰 앱을 통한 얼굴 영상만으로 신용카드 결제가 돼 보다 간편한 쇼핑을 실현했다. 인건비가 나가지 않다 보니 이곳의 상품 가격은 다른 가게보다 10% 정도 싸게 책정된다고 한다.

한국의 경우 롯데백화점이 분당점 식품 매장에 '스마트 쇼퍼(Smart Shopper)'를 선보인 바 있다. 스마트 쇼퍼 매장에서는 고객이 바코드 인식기가 달린 단말기를 받아 매장에 들어간 뒤 필요한 물품의 바코드를 찍기만 하면 된다. 계산대에 단말기를 제출하고 결제하면 물품을 집으로 배송해 주는 시스템. 고객은 장바구니 한 번 들지 않고 쇼핑을 마칠 수 있지만 결국 고객이 골라 놓은 물건을 픽업할 직원은 필요하다.

4. 오프라인 진격 아마존

거침없는 오프라인 진출 행보를 보이는 아마존은 아마존고를 비롯해 아마존 프레시 등 앞으로 2,000개에 달하는 다양한 매장을 운영할 계획이다. 코로나19 여파로 전자상거래 수요가 급증하는 가운데, 아마존은 식료품 인터넷 판매에 주력하고 있다. 그러나 신선식품의 특성상 고객들의 경험이 중요하다고 판단해 오프라인 매장 출점도 가속하고 있다.

2020년 2월에는 기존 아마존고의 4배 규모의 무인 슈퍼마켓 '아마존 고그로서리(Amazon Go Grocery)' 1호점을 개점해 현재는 워싱턴주(州)에서 2개 매장을 운영하고 있다. 같은 해 7월에는 고객이 카트에 담은 물건을 자동 감지해 결제를 진행하는 '아마존 대시 카트(Dash Cart)'를 선보였다. 대시 카트 정산 시스템 역시 아마존고처럼 매우 간단하다. 아마존 계정에 로그인한 후 전용 QR코드를 스캔하면 이후 카트가 자동은 결제 금액을 계산해주는 방식이다.

카트에 탑재된 카메라·각종 센서·저울 등이 고객이 카트 안에 담은 상품을 인식한다. 고객이 카트에 상품을 넣거나 빼면 스스로 인식해 카트 디스플레이에 상품 리스트와 결제 금액을 표시한다. 대시 카트에는 쿠폰 스캐너가 탑재되어 있어 쇼핑할 때 바로 쿠폰을 사용할 수도 있다. 영수증은 아마존 앱이나 이메일로 전송된다. 대시 카트를 통해 물건을 구입한 고객은 쇼핑을 다 마친 후 기다릴 필요 없이 전용 출구를 통해 바로 상점에서 나갈 수 있다. 아마존고의 '저스트 워크 아웃 기술'이 카트로 전부 옮겨진 것으로 볼 수 있다.

아마존은 이처럼 아마존고와 아마존 프레시 매장을 미국 주요 도시와 해외에 개점하면서 컴퓨터 비전·센서퓨전 기술·딥러닝 등 자율주행 자동차에 적용되는 최첨단 기술을 식품매장에 적용하고 있다. 아울러 이러한 무인 계산 기술 라이선스 판매에도 힘쓰며 자사 자동 정산의 기본 구성요소를 타사 시스템으로 확대하는데 주력하고 있다.

SECTION 3 인공지능 비즈니스 성공 사례2 (자율주행차)

1. 자율주행차(Autonomous Vehicle)의 개요

1) 자율주행차의 정의

자율주행차란 운전자 또는 승객의 조작 없이 스스로 운행이 가능한 자동차를 말한다. 즉, 자율주행을 위해 자동차에 IT·센서 등 첨단기술을 융합하여 스스로 주변 환경을 인식, 위험을 판단하고 주행 경로를 계획하여 운전자 또는 승객의 조작 없이 안전한 운행이 가능하게 한 자동차를 자율주행차라 한다.

자율주행차는 1986년 미국 카네기멜론대학의 자율주행 연구팀인 내브랩(Nav Lab)이 쉐보레 밴을 개조한 자율주행차 '내브랩 1' 공개를 필두로 메르세데스 벤츠의 '유레카 프로메테우스 프로젝트'를 착수하는 등 세계의 여러 자동차제조사들과 연구기관이 자율주행자동차 연구개발을 수행해왔다. 또한, 최근에는 규칙 기반에서 인공지능 딥러닝 기술과 영상처리 기술을 혼합하여 발전하기 시작하였다.

▼ 그림 6-3 자율주행차 발전 방향

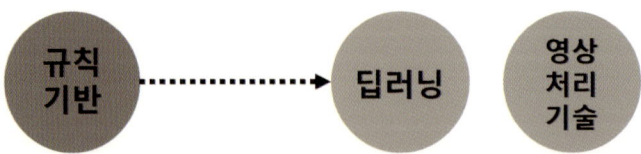

2) 자율주행 기준

자율주행차는 기술의 성숙도에 따라 자율주행 단계가 구분되며, 미국자동차공학회(SAE)와 미국도로교통안전국(NHTSA) 기준으로 나눌 수 있다. 미국도로교통안전국(NHTSA)은 자율주행 기술 단계를 5단계(0~4단계)로 구분해 제시한다.

이에 비해 미국자동차기술학회(SAE)는 자율주행자동차의 발달 수준을 레벨 0부터 레벨 5까지 6단계로 나눴다. 미국자동차공학회 기준으로 살펴보면 다음과 같다.

- 0단계 – 자율주행 기능이 없는 일반차량
- 1단계 – 차선유지, 오토크루즈 등 1가지 운전 보조기능
- 2단계 – 부분자율주행, 차선 유지, 오토크루즈 등 2가지 운전 보조기능
- 3단계 – 조건부 자율주행, 자동차가 안전 기능 제어, 탑승자 제어가 필요한 경우 신호
- 4단계 – 고도 자율주행, 주변 환경과 관계없이 운전자 제어 불필요
- 5단계 – 완전 자율주행, 사람이 타지 않고도 움직이는 무인주행차

이렇게 자율주행차는 자동화 단계의 구분에 따라 6단계(레벨 0~5)로 분류할 수 있으며 이 중에서 레벨 3부터를 자율주행차로 본다. '조건부 자율주행(Conditional Automation)'로 불리는 레벨 3은 조향 및 속도 기능이 자동화되어 있으며, 시스템 요청 시에 운전을 주시해야(운행 중 조향 핸들을 잡을 필요가 없지만, 제어권 전환 시에는 잡아야 함) 하는 등의 특징이 있는 자율주행 단계를 말한다. 주체 측면에서 살펴보면 레벨0~레벨2는 운전자가 주체이나 레벨3~레벨5는 시스템이 주체이다.

▼ 그림 6-4 자율주행 기준별 세부 내용

레벨 구분	0단계 비자동화	1단계 운전자 보조	2단계 부분 자동화	3단계 조건부 자동화	4단계 고도 자동화	5단계 완전 자동화
명칭	무 자율 주행	운전자 지원	부분 자동화	조건부 자동화	고도 자동화	완전 자동화
자동화 항목	없음(경고 등)	조향 or 속도	조향 or 속도	조향 or 속도	조향 or 속도	조향 or 속도
운전주시	항시 필수	항시 필수	항시 필수 (조향핸들 상시 잡고 있어야 함)	시스템 요청시 (조향핸들 잡을 필요 없고, 제어권 전환시만 잡을 필요)	작동구간 내 불필요 (제어권 전환 없음)	전 구간 불필요
자동화 구간	-	특정구간	특정구간	특정구간	특정구간	전 구간
시장 현황	대부분 완성차 양산	대부분 완성차 양산	7~8개 완성차 양산	1~2개 완성차 양산	3~4개 완성차 양산	없음
예시	사각지대 경고	차선유지 또는 크루즈 기능	차선유지 또는 크루즈 기능	혼잡구간 주행지원 시스템	지역 무인택시	운전자 없는 완전자율주행

출처 : 박경일. 2021.03.24. 자율주행 레벨 4+ 상용화 앞당긴다, 재구성.

3) 자율주행 단계의 절차

자율주행의 단계는 자율주행 구현을 위한 인식, 위치선정, 경로계획, 제어 등 4단계의 절차로 진행한다.

▼ 그림 6-5 자율주행 단계의 절차

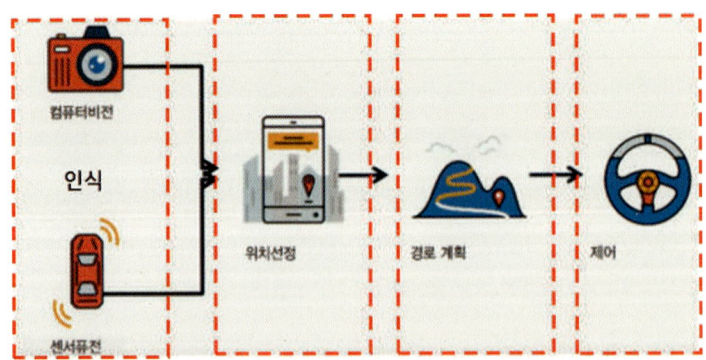

출처 : 한국기술교육대학원. 2022. 인공지능 기술 및 서비스 이해.

① 인식 : 환경을 정확히 이해하는 단계

먼저 컴퓨터 비전 기술을 활용하여 카메라로 촬영해서 얻은 데이터로부터 추정하는 기술이다. 이에 비해 센서 퓨전은 다양한 센서들을 융합하여 해석하는 기술로써 시각 데이터, 카메라 데이터를 보강하는 단계로, 레이더, 라이다, 초음파 센서 등을 융합해서 사용하여 어떤 상황을 인식하는 기술을 활용한다.

② 위치선정

위치선정은 특정 환경 내에 차량 위치가 어디에 있는지 결정하며, 고화질 지도를 사용하여 전체 맵에서 자신의 위치 확인한다. SLAM(Simultaneous Localization and Mapping) 알고리즘 기반을 활용한다.

③ 경로계획

경로계획은 다양한 운전 환경에서 최상의 경로를 파악하는 것이다. 주변 객체와의 거리 최대화하며 다중모델 알고리즘을 사용한다.

④ 제어

차량 제어를 통해 기계적인 조작을 실행하는 것으로 경로를 계획한 대로 동작을 실행한다.

4) 주요 업체별 자율주행 개발 동향

글로벌 자동차업계가 레벨3 자율주행차를 최근 잇따라 선보이며 시장 공략에 나섰다. 지금껏 출시된 모델들의 자율주행은 레벨2~2.5로 운전자가 주행을 통제하되 차로 유지 보조와 원격 주차 등이 지원되는 수준이었다. 하지만 레벨3에선 운전대를 전적으로 차량에 맡겨도 고속도로 주행과 자동차로 변경 등까지 가능해 기존 모델들과 차별성이 크게 부각될 것이라는 분석이다.

글로벌 컨설팅그룹인 삼정KPMG에 따르면 2035년 글로벌 자율주행차 시장 규모는 약 1,334조 원으로 2021년(8조8,900억 원) 대비 150배 넘게 성장할 것으로 전망된다. 국내 자율주행차 시장 규모도 2035년에 26조2,000억 원으로 연평균 40%씩 급성장할 것으로 점쳐진다. 자율주행차는 전기차와 함께 미래차를 대표할 혁신 기술로 글로벌 자동차업체들은 꼭 선점해야 할 시장으로 꼽고 있다.

▼ 그림 6-6 국내외 자율주행차 시장 규모 및 판매비중

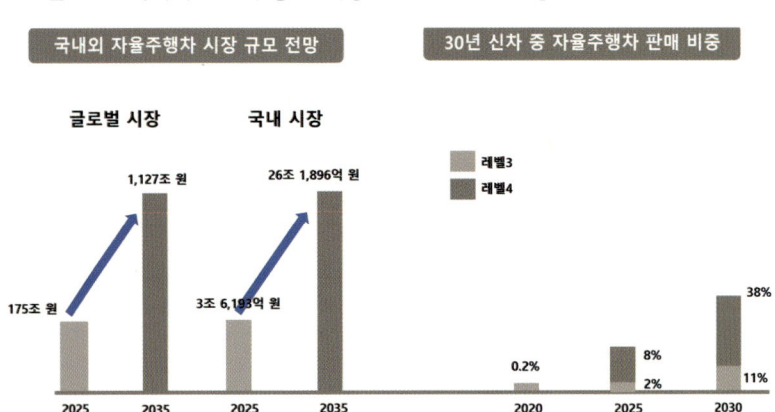

출처 : 삼정KPMG, 재구성.

그러나 현재 일반 소비자들이 기존 모델에서 경험하는 오토 파일럿이나 크루즈 컨트롤 등은 레벨2 자율주행에 머물러 있다. 글로벌 1위 전기차 기업인 테슬라는 2019년부터 완전자율주행(FSD) 시스템을 모델S와 모델X, 모델3에 적용했고, 2021년 7월에는 기존보다 한 단계 진화된 'FSD 베타 버전 9.0'을 배포하기도 했다.

이에 따라 자동차업체들은 '블루오션'인 레벨3 자율주행차 시장의 주도권을 미리 차지하기 위해 올해를 기점으로 잇따라 상용화에 나서고 있다. 현대차는 2022년 하반기에 레벨3 자율주행 기술인 '고속도로 파

일럿(HDP : Hightway Driving Pilot)'이 탑재된 제네시스 대형 세단 'G90' 출시할 예정이다. 그러나 정부는 2023년 상반기에 전국 고속도로 중 일부 구간을 자율주행 전용차로로 지정하고, 심야 화물차 주행을 시작으로 실증 작업도 진행할 계획이다.

본격적인 시행에 들어가면 독일과 일본에 이어 세계에서 세 번째로 레벨3 자율차 상용화에 성공한 사례가 된다. 현재 독일 아우디와 메르세데스-벤츠, 일본 혼다 등 수입차 일부 모델에만 탑재돼 있다. 자율주행차 시장 선점을 위한 ICT 업체들의 신규 진입도 활발하며, 완성차 업체와 ICT 업체 간 주도권 경쟁 및 수평적 협업이 확대되고 있다.

- 구글, 바이두, 엔비디아, 인텔, 퀄컴 등이 SW, 반도체, ADAS(첨단운전자보조시스템) 분야 핵심 기술을 기반으로 자율주행차 시장에 활발히 진출
- 주요 기업들은 경쟁력 확보를 위해 스타트업 인수, 합작사 설립, 수평적 협업 등 다양한 전략을 추구
  - 기존 완성차 제조사들은 자율주행스타트업을 인수하거나, 기업 간 전략적 제휴 및 합작사 설립 등을 추진
  - 신생 완성차 제조사들은 자체 HW, SW 역량을 기반으로 열위한 분야의 기술은 스타트업 인수를 통해 확보
  - 빅테크 기업들은 우수한 SW 기술력을 기반으로 모빌리티 서비스 분야에 집중
  - AI·반도체·OS 기업들은 완성차 제조사와 협업하며, 자율주행 플랫폼을 제공

또한 5단계 자율주행 구현은 정부 정책과 맞물려 있어 2030년 이후 상당한 시간이 소요될 것으로 예상된다.

2. 자율주행차와 인공지능 기술

1) 자율주행에서 인공지능 기술이 필요한 이유

▼ 그림 6-7 주요 업체별 자율주행차 개발 현황

구글 자율주행차

테슬라 자율주행차

우버 자율주행차

아우디 자율주행차

Nutonomy 자율주행차

포드 자율주행차

출처 : 한국기술교육대학원. 2022. 인공지능 기술 및 서비스 이해. 재구성.

① 자율주행의 프로세스
- 사람 : 상황 인지 → 정보를 바탕으로 판단 → 조작(제어)
- 자율주행차 : 신호의 색, 보행자 주변 환경 등을 인지 → 주행 속도, 주행 방향 판단 → 실제 핸들, 브레이크, 엑셀 조작을 컴퓨터가 자동 수행

② 주요 인지 대상
- 보행자, 차량, 자전거, 오토바이, 차선, 신호등, 횡단보도, 표지판
- 사람 : 눈으로 보고 뇌에서 판단
- 자율주행차 : 카메라와 센서로 주위 정보 수집하여 판단

③ 실제 운전 시 인지 대상의 변수
- 간판, 현수막, 건물, 가로수, 공사로 인한 통행금지, 가로수에 가려진 신호나 표지판, 보이지 않는 차선 등

- 사람 : 상식과 경험을 활용하여 구분, 차선이 안 보여도 올바른 위치 주행
- 자율주행차 : 상식과 경험이 없이 주어진 정보만 활용, 인간 수준의 수행이 불가능하므로 인공지능 기술이 필요함

④ 이미지 인식
- 이미지 가운데서 사물을 식별하는 기술
- 딥러닝의 주요 영역 : 빠른 계산 및 처리 속도 → 사람이 의식하지 못한 것도 인지

2) 자율주행 핵심 기술 : 센서 기반 인식

자율주행차는 운전자의 판단과 조작 없이 도로 상황을 감지하고 적절한 반응을 제때 해야 하며, 이를 위해서는 각종 센서, 기계, 소재, AI, 통신 등 다양한 기술들이 복합적으로 요구되며 다양한 기술들의 적용이 요구된다.

예를 들면, 자신의 위치 파악 및 주변의 시설물, 차량, 보행자 등을 인식하기 위하여 GPS 신호 수신, 영상센서, 라이더, 카메라, 초음파, 레이더 등 다양한 센서 기술들을 적절히 적용해야 한다. 이후에는 조향, 가속, 제동 등의 조작이 이루어져야 하며, 내장된 AI는 빠른 연산을 수행하여 앞서의 센서 및 통신시스템들을 이용하여 수집 혹은 수신한 정보들을 분석하고 적절한 조작을 수행해야 한다.

센서 기반 인식 측면에서 살펴보면 장단점을 지닌 센서들을 융합해서 상호보완하는 기술이 중요하며 전방 충돌 방지, 차선이탈 방지, 사각지역 방지, 차간거리 조절, 주차 지원 등을 수행한다.

▼ 그림 6-8 자율주행차 외부인식 주요 장치

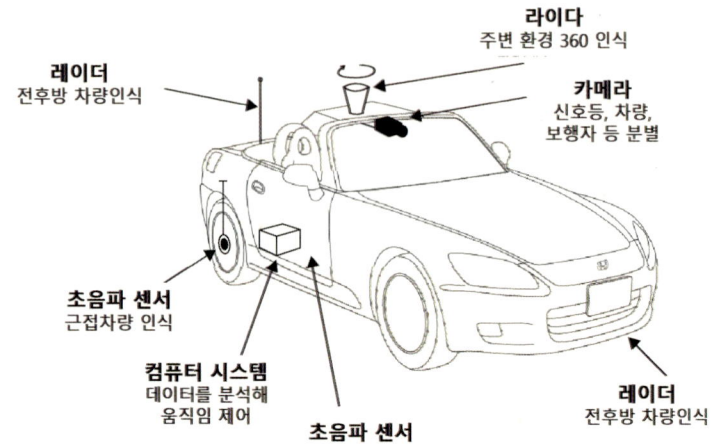

출처 : 현대자동차 홈페이지, 재구성.

- 컴퓨터 시스템 : 데이터를 분석해 움직임 제어
- 라이다 : 레이저를 통해 위치, 거리, 방향, 속도, 온도 등 파악
- 카메라 : 신호등, 차량, 보행자 분별
- 초음파 센서 : 근접 차량 인식
- 레이더 : 전후방 차량 인식

3) AI 활용 이전 자율주행기술 : 규칙기반

인공지능 기술 활용 이전 자율주행은 특화 센서 사용, 차량 전문가의 규칙 기반으로 다양한 상황 속 센서 정보들로부터 차량에 상황 인지, 주행 규칙을 결정하도록 하였다.

예를 들어 차간거리 유지의 경우 전방 차량 간 거리는 3m 이상으로 유지하여 과속 및 감속으로 주행할 것, 또는 차선 변경의 경우 측면과 후면, 전방 차량과의 거리를 10m 이상 확보 등이었다. 따라서 제어 규칙을 정의하고 모델링이 가능한 전문가 확보가 중요하였다.

다음과 같은 규칙 기반 자율주행의 한계로 인해 인공지능 기술(딥러닝)을 적용하려는 새로운 시도가 시작되었다.

① 비효율적인 개발 과정
- 상황 계측, 모델링, 지속적 검증, 주행 테스트 등 많은 시간 소요

② 확장성 부족
- 모델링된 환경과 다른 주행 환경에는 모델링 재조정

③ 규칙에 모든 상황 반영 불가능
- 주행 중 수많은 돌발 상황이나 예외 상황은 모델링하기 어려움
  사례) 구글 자율주행차 첫 사고

4) 딥러닝 기반의 자율주행

딥러닝을 통한 자율주행은 사람이 운전을 배우는 과정과 유사하며, 다양한 경험을 통한 수학적 모델을 구축하는 것이 중요하게 되었다. 주행 데이터를 많이 학습할수록 완성도가 향상되었다. 긴 시간의 주행 데이터보다는 많은 양의 주행 데이터가 필요하게 되었다. 따라서 데이터 기반 시행착오 학습 및 대응 때문에 다양한 주행 환경 학습이 중요하게 되었다.

(1) 딥러닝 기반의 자율주행 어프로치

① 딥러닝 기반 자율주행 구현

초기 | **범용센서 + 딥러닝 중심 구현**
최소 범용 센서 사용
센서 비용 총 1,000달러 이하 목표
딥러닝을 통해 제한된 정보를 지능적으로 분석

최근 | **카메라 + 딥러닝 중심 구현**
카메라를 통해 수집되는 비전 정보만을 활용
딥러닝 기반의 고도화된 비전 기술을 활용,
시각 기능만 의존하는 자율주행 구현

출처 : 한국기술교육대학원. 2022. 인공지능 기술 및 서비스 이해.

② 컴퓨팅 하드웨어 제조사

자율주행에서는 기존의 센서에 추가해서 인공지능의 화상인식 기술을 사용해서 분석해야 한다. 따라서 자동차에도 고성능 컴퓨터를 탑재할 필요가 있다. 이에 따라 그래픽 처리장치(GPU : Graphics Processing Unit) 제조 역량 활용하여 자율주행 자동차 시장에 도전하게 되었다. 그래픽 처리장치(GPU)의 본래 용도는 그래픽 처리이나, 딥러닝 기반의 인공지능 구현 시 계산 속도, 성능 향상에 필수품이 되었다.

엔비디아(NVIDIA)는 컴퓨터용 GPU 개발에서 급성장하여 GPU가 인공지능 계산에 적합하다는 특징을 살려 조기부터 자율주행 개발에 대응한 기업으로 유명하다.

③ 플랫폼(Drive PX)

엔비디아는 엔비디아 드라이브(NVIDIA Drive)라는 자율주행 플랫폼을 개발하였으며 독일 보쉬와 다임러, 도요타자동차 등에서 플랫폼 채택을 발표하였다. 최근에는 자동차에 탑재하는 컴퓨터 하드웨어, 소프트웨어, 자율주행 안전성을 시뮬레이션하는 장치 등의 정확도와 속도를 향상시켜 엔비디아 Drive PX라는 플랫폼을 발표하였다.

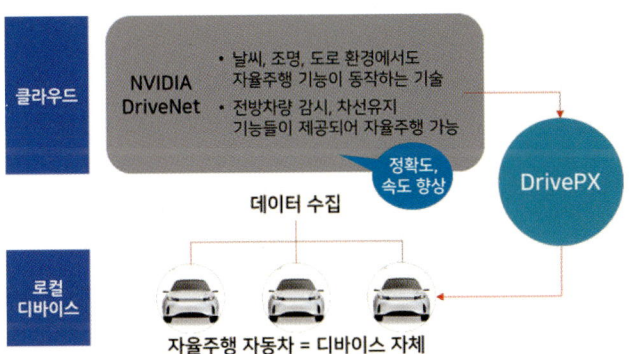

출처 : 한국기술교육대학원. 2022. 인공지능 기술 및 서비스 이해.

(2) 자율주행 딥러닝 기술

첫 번째는 딥러닝을 활용한 인식 기술

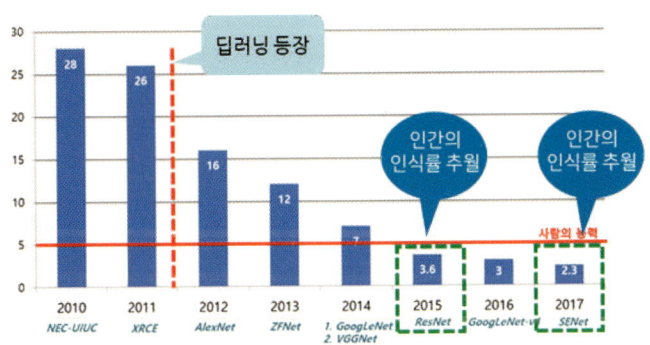

출처 : 천인국. 2020. 인공지능.

2012년 딥러닝 시스템 AlexNet이 ImageNet 경진대회에서 기계학습을 도입한 시스템들을 큰 차이로 물리치고 우승하였다. 많은 전문가들은 2012년 ImageNet 승리를 "딥러닝 혁명"의 시작이라고 평가했다. 2011년 가장 좋은 알고리즘의 오차율이 26%였지만 2012년 딥러닝 시스템 AlexNet이 오차율을 16%로 10%를 끌어내렸다. 이 순간을 신경망을 버리지 않고 연구한 연구자들에게는 감격적인 순간이였다. 2015년 이후에는 인간의 인식률 인식 오류인 5%이내인 3.6% 이하를 보이고 있다.

- 2015년 이후 ImageNet Challenge 우승 알고리즘의 인식 에러 비율(%)에서 인간의 인식률을 추월
- 현재 시각 인식 관련 기술 시연에서는 인간의 시각으로는 인식하기 어려운 물체들까지 인공지능이 더 높은 성능으로 인식
- 사물에 따른 다른 기능의 차량 제어기술 구현

두 번째는 운전자 감정 추정 기술
① 인공지능 응용 운전자 감정 및 기호 추정
- 차량 내 센서로 표정, 동작, 각성도 수치화 + SNS 데이터 조합하여 주행 환경 또는 자동차 환경 변경

② 차량 실내 환경 및 운전 모드 자율 제어
- 졸음, 피곤은 교감신경 자극(파란색 조명, 시트 진동 등)
- 기분 전환 시 부교감신경 자극(따뜻한 색 조명, 라벤더 향 등)
- 운전 불안 감지 시 자율주행 모드로 전환 = 레벨 3 대응 기술

3. AI 기반 자율주행차의 과제

1) Uber 자율주행차 인사 사고

한편 자율주행차 개발과 도입에 점차 가속도가 붙고 있으나, 자율주행차 관련 사고도 점차 증가하고 있다. 자율주행차 기술이 앞서있고 시험 운행이 많은 미국에서는 최근 연이은 자율주행차 관련 사망사고들이 발생하고 있다. 2018년 3월 18일 애리조나에서 발생한 우버 볼보모델의 횡단보도에서의 자전거 운전자 충돌 사망 사고는 자율주행차의 센서가 보행자를 미처 인식하지 못했음이 이유였다.

① Uber 자율주행차 사고
- 사고 일시 : 2018년 3월 18일 밤 10시
- 사고 발생지 : 미국 애리조나주 템페
- 내용 : 운전석에 운전자가 앉은 상태에서 자율주행 모드로 운영 중이던 우버 차량이 교차로에서 길을 건너는 보행자와 충돌
- 자율주행 운전 시스템 모니터를 보느라 충돌 직전까지 보행자를 인지하지 못한 탑승자

② Uber 자율주행차 사고 원인
- 충돌 6초 전 보행자 인지
- 충돌 1.3초 전 긴급 브레이크 작동 필요 판단
- 그러나 승차감 하락 때문에 자율주행 모드에서 급브레이크 기능을 꺼둠

2) 테슬라 자율주행차 관련 사고

2018년 3월 23일에는 캘리포니아 고속도로에서 테슬라 모델X 자율주행차가 중앙분리대를 들이받고 뒤에서 주행하던 일반자동차들이 연이어 추돌사고를 당했다. 추돌사고 뒤 불길이 치솟고 폭발이 일어

나 배터리가 실려 있던 차량 앞부분이 폭발해 완파됐으며 운전자는 사망했다.

이보다 앞서 2016년도에 발생한 테슬러 자율주행차 사고 시 운전자는 자율주행 모드로 운전 중인 자동차의 운전석에서 DVD를 감상하다가 거대한 트레일러를 마주하고 정지하지 않고 주행한 자율주행차 내에서 사망하는 사고를 당한 바 있다.

이들 사고는 대부분 완전 자율주행 단계에 도달하지 못한 자율주행차 기술을 과신한 운전자의 오판이 사고의 주요 원인이었고 점차 보완이 이루어져 장래에는 인간 스스로 운전하는 것 보다 사고의 위험률이 더욱 낮아질 것으로 전망하고 있다.

자율주행차 관련 사고들은 아직 자율주행차 기술이 완전치 않으며, 더욱 개선 보완될 필요가 있음을 보여주고 있다. 자율주행차가 차량 내에 설치된 센서들을 이용하여 모든 상황을 인식할 수 있다면 최상이겠으나, 자율주행차는 안전을 확보하기 위하여 가능한 모든 수단을 활용해야만 한다.

3) 딥러닝 자율주행기술의 해결 과제
① 원인불명의 신경망 에러
- 기술적으로 미해결 상태. 해결에 상당 시간 소요 예정
- 실제 주행 중에는 학습 데이터를 수집하기 어려운 상황이 많이 발생

② 정상적인 주행 상황에서 대비가 필요함
- 혼동하기 쉬운 상황이 많이 발생함
- 혼동 패턴 구분 : CNN 기반 영상 분석 필요, 교통 시스템 및 법규를 이해하는 모델 필요

③ 국가 간 도로 형태 차이로 인한 오류 대비 필요함
- 해외에서 공개한 도로 영상 데이터로 CNN 학습 후, 국내 주행 상황 적용 시 많은 에러 발생
- 국가나 지역별로 다른 운전 습관 개선을 위해 현지 도로 상황에 대한 학습, 검증 요구

SECTION 4

인공지능 비즈니스 성공 사례3 (제조업)

제조업에서의 인공지능(AI)은 인공지능 분야에 속하는 기술로 기계와 통신하고 현장에서 데이터를 추출하고, 추출된 데이터를 분석하며, 필요한 작업을 수행하는 데 사용할 수 있는 지능을 말한다. 인공지능(AI) 기반 시스템은 일반적으로 인간 지능의 도움으로 노동이나 로봇에 의해 운영되는 재료 이동에서부터 기계 검사 및 자가 진단에 이르기까지 더 적은 시간과 비용으로 인간의 개입을 최소화하여 수행된다.

제조업은 공장/플랜트에서의 인공지능(AI) 이행을 위해 새로운 기술 혁명의 물결을 목격하고 있다. 인공지능(AI) 기반 솔루션을 제조 시설에 도입하여 자산 활용도를 극대화하고 다운타임을 최소화하며 기계 효율을 향상시킴으로써 생산성을 향상시키고 있다.

제조업 분야의 인공지능(AI)은 공장 기계의 결함을 검출해 품질관리를 통해 생산성을 높이고 공장 기계의 예측 정비를 도울 것으로 기대된다. 또한 빅데이터의 광범위한 사용, 산업 사물인터넷(IIOT), 스마트공장, 로봇공학 등이 시장의 성장을 견인하는 주요 요인 중 하나이다.

생산량 증가, 품질 개선, 오류 감소와 함께 인건비 증가와 관련 수요 역학 관계가 제조업 시장에서 인공지능(AI)의 성장을 이끌고 있다. 따라서, 제조업체와 기술 제공업체들은 이러한 시장 수요를 충족시키기 위해 연구개발(R&D)에 많은 돈을 쓰고 있다. 제조업 시장의 인공지능(AI)은 하드웨어 공급업체, 소프트웨어 및 기술 업체, 제조업체 등 다양한 이해관계자들이 융합한 것이다.

1. 제조업 분야에의 미래 트렌드

미국의 유명 경제 매거진 포브스(Forbes)는 2022년 저명한 미래학자인 버나드 마르(Bernard Marr)가 기고한 글에서 '제조업 분야에서 가장 주목되는 10가지 미래 트렌드(The 10 Biggest Future Trends In Manufacturing)'이란 제목의 기사를 보도했다.

이를 분석해 보면, 기계에서 데이터를 수집해 고장 등에 선제적으로 대응하고, 가상의 공간에 현실과 똑같은 조건을 재현한 뒤 시뮬레이션 함으로써 곧바로 제조에 착수할 경우 겪을 수 있는 시행착오와 비용을 줄이도록 도와주는 기술들로 요약될 수 있다.

1) 산업용 사물인터넷(IIoT)

이제는 일반인들에게도 IoT(Internet of Things, 사물인터넷)란 용어가 친숙해졌지만, 알파벳 'I'가 하나 더 붙는 IIoT는 제조 시설에서 사용되는 사물인터넷을 말한다.

별도의 기술이라기보다는 IoT의 하위 개념으로 분류되며, 사물인터넷과 마찬가지로 IIoT도 기본적으로 상호 연결된 기기를 이용해 데이터를 수집한다.

즉, 공장 기계에 부착된 센서를 통해 데이터를 수집한 뒤 이를 바탕으로 관리자가 기계가 어떻게 작동되고 있는지 파악할 수 있도록 해준다. 또 유지 보수 주기를 최적화할 수 있도록 관리해 줌으로써 기계의 고장을 줄이고 공장이 원활하게 돌아갈 수 있도록 도와준다.

2) 5G & 엣지 컴퓨팅

엣지 컴퓨팅은 데이터를 클라우드 서버까지 보내지 않고 물리적으로 가까운 곳에서 처리할 수 있도록 해주는 기술이다. 이러한 엣지 컴퓨팅은 4세대 통신망에 비해 속도가 10배 이상 빠른 5G와 만나 더욱 빛을 발하게 될 전망이다. 제조업 현장에서는 각종 기기에서 수집한 데이터를 5G 통신망을 통해 엣지 컴퓨팅으로 신속하게 처리할 수 있다.

3) 예측 유지보수(predictive maintenance)

공장에 설치된 기계에서 수집한 데이터를 인공지능으로 분석하면 기계와 부속이 언제쯤 문제가 생길지 패턴을 예측할 수 있다. 데이터를 바탕으로 선제적으로 유지보수에 나섬으로써 문제를 사전에 예방하는 '예측 유지보수(Predictive maintenance)'이다.

생산관리에서 인공지능을 적극적으로 활용할 수 있는 경우이다. 이를 통해 공장의 기계가 고장나기 전에 징후를 검지해서 관리자나 경영자에게 알리는 것이다. 실시간으로 가공 공정을 모니터링하고 공구 마모와 같은 상태 입력을 모니터링하는 것이 포함된다. 인공지능을 통해 센서에서 나오는 연속적인 데이터 흐름을 사용해서 의미 있는 패턴을 찾고, 분석을 적용해 문제를 예측하고, 문제가 발생하기 전에 문제를 해결하도록 관리자에게 알리는 알고리즘이다.

독일의 지멘스(Siemens)는 오래된 자동차 모터와 변속기에 센서를 장착해 여기서 얻은 데이터를 이용해 수리 시기를 예측해낼 수 있다.

4) 디지털 트윈

디지털 트윈(Digital Twin)은 현실을 가상 공간에 복제해 놓은 소위 디지털 가상 세계를 말한다. 쌍둥이라는 말에서 알 수 있듯이, 주로 산업 분야에서 사용되는 디지털 트윈은 센서 등을 이용해 현실의 상태를 보다 구체적이고 정확하게 반영해 주며, 실제 부품이나 공작기계, 혹은 제작하고 있는 부품과 동일한 가상 모형으로, CAD 모델을 능가한다.

디지털 트윈 공간에서 시뮬레이션한 상황은 실제 현실에 적용될 수 있기 때문에 기업 입장에서는 상대적으로 적은 돈을 들이고도 기계 작동 시 발생할 수 있는 사고나 위험을 예측할 수 있다. 미국의 항공기 제조업체 보잉(Boeing)은 디지털 트윈을 이용해 처음 생산된 부품의 품질을 40%가량 향상시킨 것으로 나타났다. 이러한 디지털 트윈 기술은 단순히 한 공장에서의 상황뿐 아니라, 전체 공급망(supply chain)을 시뮬레이션해 볼 수 있는 수준으로 발전하고 있다.

5) 확장 현실과 메타버스

요즘 가장 핫한 기술인 메타버스(Metaverse)는 현실을 모방한 3차원의 가상 세계를 말한다. 여기에 기기 등을 이용해 가상의 공간을 더욱 현실적으로 느낄 수 있도록 하는 기술을 확장 현실(Extended Reality)이라 합니다. 확장 현실은 가상현실(VR), 증강현실(AR) 등을 아우르는 개념이다.

AI와 결합된 가상현실(VR) 및 증강현실(AR)은 생산라인 작업자의 속도와 정밀도를 개선해 설계 시간을 줄이고 조립 라인 과정을 최적화하는 데 도움이 될 수 있다. 가상현실(VR) 및 증강현실(AR)과 같은 보완 기술이 추가되면, AI 솔루션은 설계 시간을 줄이고 조립 라인 과정을 최적화할 것이다.

이러한 확장현실과 메타버스는 제조업에도 상당한 반향을 일으킬 것으로 보인다. 이러한 가상의 공간에서 제품을 디자인하거나 기획하고, 조립라인에 인력을 배치해 훈련하는 등 현실에서 필요한 작업을 부담 없이 실시해 볼 수 있다.

6) 공장 자동화와 '다크 팩토리'

AI 기술의 발전으로 인해 기계가 사람의 업무를 점점 더 많이 대체하고 있다. 기계는 정확하고 생산성이 높을 뿐 아니라 지치지도 않는다. 처음엔 구입과 설치에 드는 비용이 비싸지만 임금을 줄 필요가 없기 때문에 중장기적으로 비용도 절감할 수 있다.

이처럼 기계가 사람의 업무를 하나씩 대체하다 마지막 남은 사람의 일자리마저 차지하게 되면 어떻게 될까요? 사람의 지시 없이도 생산이 이뤄지는 완전히 자동화된 공간, '다크 팩토리(dark factory)'의 등장이다. 다크 팩토리의 출현으로 자동화된 공장에서 벗어난 사람들은 공장에서 벗어나 여전히 사람들만 할 수 있는 업무, 보다 창의적인 일에 매진할 수 있기 때문이다.

7) 로봇과 코봇(cobots)

'웨어러블' 로봇처럼 어떤 로봇들은 인간을 도와 인간의 물리적인 한계를 극복해줌으로써 인간의 작업 능률을 올려준다. 인간을 도와 함께 작업하는(collaborative) 소위 '코봇(cobot)'이다. 로봇과 코봇 모두 제조업체가 효율성을 극대화할 수 있도록 도와준다. 일본의 자동차업체 닛산(Nissan)은 코봇을 도입해 생산성을 높임으로써 인력 부족에 따른 문제점을 해결할 수 있었다.

8) 3D 프린팅

인류의 미래를 바꿔줄 혁신 기술로 '3D 프린팅'이 대중 앞에 등장한 게 어느덧 10년이 지났다. 이후 3D 프린팅은 대중의 관심에서 벗어났지만, 막후에서 끊임없이 기술의 진보를 이뤄냈다.

특히 3D 프린팅은 특성상 기존 가공방식에 비해 재료를 덜 쓰고 폐기물도 덜 나온다. 친환경과 개인화라는 시대적 트렌드에 적합한 제조 방식이다. 대형 제조업체 중에서도 에어버스 같은 선구자는 이미 15년 이상 3D 프린팅을 실제 제조 현장에서 사용해 왔다.

9) 웹 3.0과 블록체인 기술

'개인화된 웹(web)'을 의미하는 '웹 3.0'의 출현과 분산 컴퓨팅을 기반으로 하는 블록체인이나 대체불가능 토큰(NFT) 같은 기술을 제조업에 도입하면 공급망을 더 잘 모니터링할 수 있고 일부 공급망을 자동화하는 것도 가능하다. 미래에 만들어질 제품 중 다수는 NFT 디지털 인증서와 함께 판매될 수도 있을 것으로 보인다.

10) 더 똑똑해지면서(Smarter) 지속가능한 제품

재사용(reusable) 혹은 재활용(recyclable)이 가능한 제품들에 끌리고 있다. 한 번 쓰고 버리는 식의 문화는 과거의 유물이 되어가고 있다.

2. 제조업 분야에서 인공지능(AI)의 미래

1) 팩토리인어박스(factory in a box) 시스템

제조업체에 판매하기 위한 모든 단계의 작업 공정을 효과적으로 패키지화할 기회를 제시한다. 소프트웨어에서부터 실제 공장의 기계들, 기계의 디지털 트윈, 공장의 공급망 시스템과 데이터를 교환하는 주문 시스템 및 공정을 모니터링하고 입력 정보가 시스템을 돕는 동안 데이터를 모을 수 있는 분석에 이르기까지 모든 것이 포함된다. 기본적으로 "팩토리인어박스(factory in a box)" 시스템을 만드는 것이다.

팩토리인어박스 시스템은 제조자들이 오늘 제조한 부품을 살펴보며 어제 제조한 것과 비교하도록 하고, 품질 보증이 이루어졌는지 확인할 수 있도록 하면서, 각 공정 라인에서 실행된 비파괴 검사를 분석할 수 있도록 해준다.

2) 머신러닝과 자율 AI

AI의 많은 힘은 인간의 개입 없이 머신러닝, 신경망, 딥 러닝 및 자체 경험에서 나오는 기타 자가 구성 시스템 능력에서 온다. 이 시스템들은 인간의 분석 능력을 뛰어넘는 방대한 데이터의 특정 패턴을 신속하게 발견할 수 있다.

그러나 오늘날의 제조에서는 여전히 AI 적용 개발의 많은 부분에서 인간 전문가들이 감독하고 있고, 그들이 설계한 이전 시스템의 전문성을 인코딩하고 있다. 인간 전문가들이 무엇이 발생했고, 무엇이 잘못되고 잘 되었는지에 대한 아이디어를 가져온다.

방대한 데이터의 패턴을 인간보다 훨씬 더 빨리 감지할 수 있는 능력으로 AI는 제조에서 점점 더 널리 사용되고 또한 중요해지고 있지만, 여전히 AI 적용 개발을 지휘하는데, 인간 전문가들이 필요하다.

3) 공장 계획 및 레이아웃 최적화

AI 적용은 제조 공정에만 국한된 것은 아니다. 이를 공장 계획 관점에서 바라보면, 설비 레이아웃은 운영자의 안전에서부터 공정 흐름의 효율성에 이르기까지 많은 요소들에 의해 결정된다. 연속적인 단기 프로젝트 운용이나 자주 변경되는 공정에 맞도록 설비가 재구성 가능해야 할지도 모른다.
AI는 공장 현장 레이아웃과 최적화에서 역할을 수행해, 잠재적인 운영자 안전 문제를 파악하고 공정 흐름의 효율성을 개선한다.

4) 제너레이티브 디자인

AI는 설계 엔지니어가 프로젝트에 일련의 조건들을 입력한 다음 설계 소프트웨어가 다수의 반복을 생성하는 과정인 제너레이티브 디자인에 있어 중요한 역할을 한다.

AI 덕분에 제너레이티브 디자인 소프트웨어는 같은 시간에 설계자가 생각해낼 수 있는 것보다 더 많은 설계 반복을 생성해낼 수 있는 동시에 일상적인 작업을 자동화할 수 있다.

5) 유동적이고 재구성 가능한 공정 및 작업 현장

AI는 또한 제조 공정을 최적화하고 이러한 공정을 보다 유동적이고 재구성 가능하도록 하는 데 활용될 수 있다. 최근 수요는 작업 현장 레이아웃을 결정하고 공정을 생성할 수 있으며, 향후 수요에 대해서도 똑같이 할 수 있다. 그리고 이러한 모델들을 사용해 비교 및 대조할 수 있다.

그런 다음 이 분석은 더 적은 수의 대형 기계를 보유하는 것이 좋을지, 혹은 많은 소형 기계들을 보유하는 것이 좋을지 결정하는데, 이는 비용이 절감되고, 수요가 느려지면 다른 프로젝트로 전환될 수 있다. 가상 분석("What-if" analysis)은 AI의 일반적인 적용이다.

3. 제조업 분야 인공지능 적용 및 혜택

설계, 공정 향상, 기계 마모 감소 및 에너지 소비 최적화는 모두 AI가 제조에서 적용될 영역이다. 이 변화는 이미 시작됐다.
기계는 더욱 스마트해지고, 기계들끼리뿐만 아니라 공급망 및 기타 산업 자동화와 통합되고 있다. 이상적인 상황은 재료가 들어가고 부품이 만들어져 나오는 모든 연쇄 과정의 연결을 센서로 모니터링하는 것이다. 사람들은 이 과정의 통제권을 유지하지만, 그 환경에서 일해야 하는 것은 아니다. 이를 통해 자동화할 수 있는 반복적인 작업 대신 새로운 구성요소 설계 및 제조 방법을 창출하는 혁신에 집중할 수 있는 중요한 제조 자원과 인력을 확보할 수 있다.

제조업 관계자들이 과거에 비해 더 많이 인공지능에 투자하고 있다. 코로나 시국에도 불구하고, 제조업 관계자들은 인공지능을 통해 자사의 제품을 차별화하면서도 생산 원가를 낮추어 제품 마진을 지키려고 노력 중이다.

보스턴컨설팅그룹(BCG)[10]의 최근 연구 결과인 "포스트-위기 상황에서 AI 기반 기업들의 실적 증가"에 의하면, 최근 역사에 일어난 네 번의 글로벌 위기 상황에서, 14%의 기업들의 실적 및 이윤이 증가하였다고 진단했다.

제조업에서 가장 선도적인 인공지능(AI) 혁신 프로젝트는 기계 관리와 품질이다. 제조업에서 AI 구현의 29%는 기계와 생산 자산 관리에 있다. 글로벌 IT 컨설팅 업체 캡제미니(Capgemini) 연구팀은 기계와 장비가 고장 날 가능성이 높은 시기를 예측하고, 정비(조건별 정비)를 실시하기에 최적의 시기를 권고하는 것이 오늘날 제조에서 가장 많이 사용되는 AI 활용 사례라고 밝혔다.

사람의 경험, 통찰력, AI 기술을 결합해 비용 절감, 이익 보호, 차별화를 위한 새로운 방법을 발견하고 있다. 제조업체들은 예외 없이 어려운 경제 시대에 계속해서 성장해야 하는 도전에 직면해 있다.

4. 제조업 분야 인공지능 활용 사례

포브스(Forbes)는 캡제미니(Capgemini)[11]가 정리한 2020년 제조업을 향상시키는 방법을 10가지 사례를 통해 제시했다. 이를 간략히 살펴보면

---

10) 미국의 글로벌 경영 컨설팅기업
11) 프랑스 글로벌 IT 컨설팅 업체

1) 제너럴 모터스 : 로봇 고장 파악

제너럴 모터스는 조립 로봇에 장착된 카메라의 이미지를 분석해 공급자의 도움을 받아 로봇 부품 고장 징후를 포착한다. 시스템 시범 테스트에서 7,000여 대의 로봇에서 72건의 부품 고장 사례를 발견해 예상치 못한 정전이 발생하기 전에 문제를 파악했다.

2) 제너럴 모터스 : 제품 설계 알고리즘 구현

제너럴 모터스는 머신러닝 기법으로 최적화된 제품 설계를 제공하는 생성 설계 알고리즘을 구현했다. 2018년 5월 제너럴 모터스는 적층 제조 성공을 위해 오토데스크 생성 설계 소프트웨어를 채택했다. 최근 안전벨트 브래킷 부품에 대한 시제품 제작 테스트 결과, 기존의 8개 부품 디자인보다 40%나 더 가볍고, 20%나 더 강한 디자인이 나왔다.

3) 노키아 : 조립라인 모니터링 영상 프로그램

노키아는 머신러닝을 이용해 생산 공정에서 불일치가 있을 경우 조립 작업자에게 알리는 영상 응용 프로그램을 도입했다. 핀란드 오울루 공장에서 조립 라인 과정을 모니터링하는 비디오 애플리케이션을 출시한 것이다. 실시간으로 문제가 시정될 수 있도록 운영자에게 프로세스의 불일치를 경고한다.

4) 아우디 : 영상인식 시스템

자동차와 소비재 산업에서 실시간으로 이미지를 분석해 제품 품질 검사를 완료하는 것도 제조업체가 엄격한 규제 요건을 준수하는 데 도움이 된다. 고해상도 카메라 가격이 지속적으로 하락하고 AI 기반 영상인식 소프트웨어와 기술은 지속적으로 개선되고 있다. 아우디는 선도적으로 딥러닝 기반 영상인식 시스템을 탑재했다.

5) 다농 : 수요 계획 및 예측 시스템

프랑스의 다국적 식품 제조회사 다농 그룹은 수요 예측 정확도를 높이기 위해 머신러닝 시스템을 사용한다. 그들은 머신러닝으로 마케팅, 판매, 회계 관리, 공급망, 재무 전반에 걸쳐 계획을 개선해 보다 정확한 예측을 이끌어 내고 있다.

또, 제품 판매촉진 수요를 충족하고 채널 또는 가맹점 단위 재고에 대한 목표 서비스 수준도 달성했다. 이 시스템으로 예측오류 20% 감소, 매출 손실 30% 감소, 제품 노후화 30% 감소, 수요기획자 업무량 50% 감소의 실적을 보였다.

6) BMW 그룹 : AI 기반 이미지 매칭 기술

BMW 그룹은 AI를 사용해 생산 라인의 부품 이미지를 평가함으로써 품질 표준으로부터의 편차를 실시간으로 포착할 수 있다. BMW그룹 딘골핑 공장 최종 점검 구역에서는 AI 애플리케이션이 차량 주문 데이터와 신규 생산 자동차의 지정 모델의 영상을 실시간 비교한다.

일반적으로 승인된 모든 조합뿐만 아니라 사륜구동 차량의 "xDrive"와 같은 지정 모델 및 여타 등록번호판은 이미지 데이터베이스에 저장된다. 지정이 누락된 경우처럼 실시간 영상과 주문 데이터가 일치하지 않으면 최종 검사팀에서 통보받는다.

7) 슈나이더 일렉트릭 : 예측 IoT 분석 솔루션

슈나이더 일렉트릭은 마이크로소프트 애저(Azure) 머신러닝 서비스와 애저 IoT 엣지를 기반으로 예측 IoT 분석 솔루션을 개발했다. 이를 통해 작업자의 안전을 개선하고 비용을 절감하며 지속가능성 목표를 달성했다. 이 회사 데이터 과학자들은 언제 어디서 정비가 필요한지 예측하는 모델을 만들기 위해 유전 데이터를 사용한다.

데이터 과학자는 자동화된 머신러닝 기능을 사용해 최적 머신러닝 모델을 지능적으로 선택하고 머신 모델 하이퍼 파라미터를 자동으로 조정해 시간을 절약하고 효율성을 향상시킨다. 이 솔루션을 활용했을 때, 이틀 만에 10~20% 효율성을 높이는 결과를 보였다.

8) 닛산 : 차량 디자인에 AI 활용

닛산은 차세대 모델 시리즈의 출시 시간 단축 목적으로 AI를 활용해 실시간으로 신모델을 설계하는 AI를 시범운영 중이다. 닛산은 이 프로그램을 드라이브 스파크라고 부르며, 4년째 존속하고 있다. 닛산 디자이너들은 이 시스템을 사용해 완전히 새로운 모델을 만들고 있다. 기존 모델의 수명주기 연장에도 AI를 활용했다.

SECTION 5 인공지능 비즈니스 성공 사례4 (의료 및 헬스케어)

의료와 헬스케어 분야도 다른 분야와 같이 인공지능이 활발히 활용 및 응용되고 있다. 캐나다의 '블루닷' 기업은 AI 의료플랫폼 업체로 빅데이터를 통해 코로나19의 위험성을 제일 먼저 알렸다. IBM의 왓슨은 암 진단의 경우 환자의 신뢰도를 높이기 위해 노력하였다. 최근에는 심리상담 분야에서도 AI 심리상담 프로그램 등이 도입되고 있으며, 환자의 우울증상 등을 사전에 탐지하는 연구도 진행되고 있다. 이 외에도 신약 개발과 새로운 치료법 개발에서도 활용되고 있다(김현정 외, 2021).

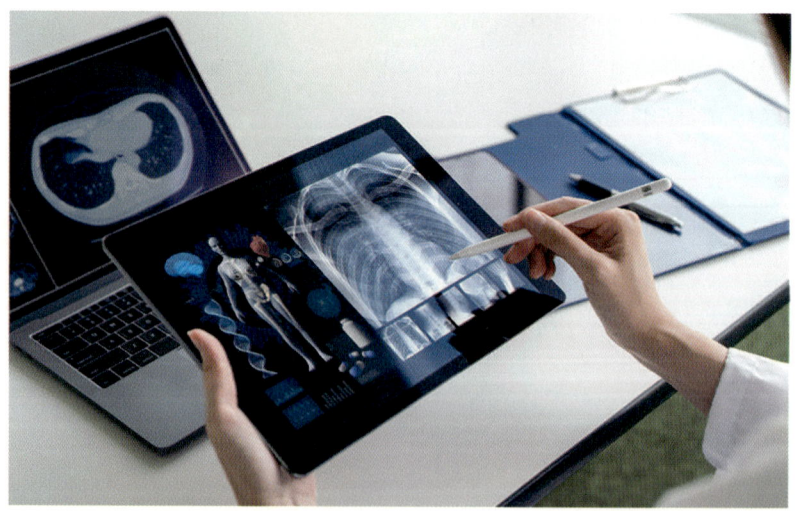

출처 : ETRI 웹진, 2021

2020년 인텔(Intel)이 미국의 헬스케어 분야 CEO나 연구자 등 리더들을 대상으로 진행한 조사에 따르면 84%의 응답자가 임상 작업에 이미 인공지능을 도입했거나 도입할 예정이라고 응답했다. 이는 2018년에 비해 37%에서 두 배 이상 오른 수치다. 또한 글로벌 조사기관 다이네이터가 한국, 싱가포르, 호주 등의 영상의학과 의료진 108명을 대상으로 진행한 설문에 따르면 전체 응답자의 80%가 인공지능이 현장에 도입될 경우 더 정확한 진단과 치료를 제공할 수 있을 것이라고 답했다. 이렇게 인공지능을 활용한 의료시스템은 환자에게 치료법을 제시할 뿐만 아니라 서비스, 시설, 산업 등 의료와 관련된 다양한 분야에서 그 가능성을 보여주고 있는 것이다(ETRI, 2021). 시장조사기관 그랜드뷰리서치(Grand View Research)에 따르면, 의료 인공지능 시장규모는 2022년 154억 달러에서 2030년까지 연평균 37.5%씩 성장할 전망이다(이상덕, 2023).

1. 의료 서비스 분야의 인공지능 도입 현황

최근 의료서비스 분야에서는 환자의 정보만 정확히 입력하면 처방 전까지 자동으로 제시되는 알고리즘이 완성된 상태이다. 이 기술은 대략 동네의원 수준의 진료는 대체할 수 있는 충분한 수준까지 도달하였고, 인공지능 알고리즘과 데이터 마이닝이 결합된 형태이다. 수백만명의 상세한 의료 데이터가 수집되면 패턴을 분석하여 환자의 상태를 진료하는 방식이다. 인간의 신체가 보내는 각종 질병관련 정보들을 데이터화 하여 정확도를 높이고 있다.

1) 심리 및 정신 분석
미국 남캘리포니아대의 조나단 글래치 교수는 미국방위고등연구계획국(DARPA)의 자금 지원을 통해 '엘리(Ellie)'라는 심리 진단 인공지능 프로젝트를 진행 중이다. 컴퓨터과학과 심리학을 결합하여 가상

인간과 사회적 감정을 연구하는데 주력하며, 초기 외상후스트레스장애(PRSD)에 시달리는 미국 군인을 치료하기 위한 목적이였다. 엘리는 인간과 다르게 환자의 감정 등 60여종의 비언어적 데이터를 해독하는 데 탁월한 성능을 보이고 있고, 심리 진단을 위한 설문까지 아바타를 통해 진행한다. 이렇게 수집된 데이터를 통해 심리적 진단을 실시하며 결과도 만족스러운 수준이다(CHO Alliance, 2016).

2) 의료영상 분석

미국의 벤처기업 인리틱(Enlitic)은 딥러닝을 활용하여 의료 데이터에 이미지 데이터를 분석, 질병을 판정하는 시스템을 개발하였다. 이미지 데이터에는 방사선 사진, MRI, CT, 현미경 사진 등이 사용되며 검사결과 악성 종양이 있는지 여부를 신속·정확하게 판정하였다. 시스템에 발병 후 5년 경과 후 생존한 환자와 사망한 환자의 데이터를 입력하여 5년 생존율을 예측하는 시스템이다.

지금까지는 전문의가 육안으로 악성 종양을 찾아냈지만, 이제는 인공지능이 악성 종양이 있는 부분을 식별할 수 있게 되었다. 이 기술은 스탠퍼드 의과대학에서 개발되었으며, 2014년 제레미 하워드가 인리틱을 설립하여 연구를 본격적으로 진행하였다. 구체적으로 딥러닝의 높은 이미지 패턴 파악 능력을 의료에 응용한 것으로 피부과, 안과, 영상의학과, 병리학과, 방사선학과 영역에서 연구가 진행되고 있다. 이 기술은 컴퓨터를 이용한 병리학(computation Pathologist, C-Path)이라 불리며, 유방암 식별의 경우 세포특성을 6,642가지 유형으로 분석하고 있다(CHO Alliance, 2016). 또한 스타트업 기업인 뷰노의 경우 흉부 CT, 골연력, 안저, 소화기암 병리 데이터 등을, 루닛의 경우에는 유방 엑스선 검사, 흉부 엑스레이, 유방암 병리 데이터 등을 다루고 있다(최윤섭, 2018).

3) IBM 왓슨(Watson)

심리 및 정신 분야의 엘리가 심리학자의 대체 모델이라면 왓슨은 암 진단 의사를 대체하는 프로젝트이다. 이미 인간과의 체스경기, 퀴즈경기에서 능력을 발휘했던 IBM의 슈퍼컴퓨터 왓슨은 세계적인 암 전문 병원 MD앤더슨센터에서 암 진단 실습과정을 마무리하였다. 2015년부터 미국 메이요 클리닉과 제휴하는 등 암 진단도구로 활용되고 있다. 암 진단의 경우 인공지능이 이미지 분석 기술을 활용해 병리학자의 역할을 하는 디지털 병리학 기술도 발전하고 있어 암 조직 검사를 수행하기도 한다.

또한 왓슨은 연구 센터등에서 논문 분석등의 실험에 쓰고 있으며, 보통 과학자가 하루 5개씩 읽으면 38년이 걸릴 7만 개의 논문을 한달만에 분석하여 항암 유전자에 영향을 미치는 단백질 6개를 찾아냈다. 국내는 2016년 가천대학교 길병원을 시작으로 총7개 대학이 IBM의 왓슨을 도입하여, 컴퓨터 시스템으로 암환자의 처방과 치료방법을 도움받았다. 그러나 국내 도입된 왓슨의 폐암의 진단일치율은 18%에 그쳤으며 2017년 12월 가천대 길병원이 도입 1주년 심포지엄에서 발표한 의견 일치율은 56% 수준으로 의사들은 처음 기대와 달리 정확하지 않은 진단에 실망하는 반응을 보였다. 왓슨을 도입한 독일의 병원 또한 성능이 기대에 못 미치는 정도가 아니라 신뢰할 수 없다는 성명을 발표했다(나무위키, 2023).

이는 왓슨이 언어 인식 부문에서 심각한 결점이 있음을 밝혔다. 환자의 질병을 진단할 시 왓슨은 의사가 환자로부터 얻은 정보를 정리한 문서나 차트, 소견서, 혹은 검사 결과 등을 스캔해 질병의 원인으로 의심되는 정보를 얻는 방식을 취한다. 그런데 의사의 소견서에 적힌 개인적인 표현이나 혹은 요약된 정보를 이해하지 못했다. 인종적 특성 등에 따른 차이라고 설명하기도 하나, 애초부터 훈련용 데이터를 검증용으로 사용하는 등 성능이 과장되었다는 의견도 있다. IBM은 왓슨을 실패한 사업으로 규정, 사업팀을 2018년 5월 구조조정 및 2022년에 약 10억달러에 매각되었다. 지난 2015년 왓슨을 출시했던 IBM이 그동안 40억 달러를 투자했지만 처음에 구상했던 진전을 끝내 이루지 못했다고 평가했다(디지털데일리, 2022).

그러나 지속적으로 확대되는 방대한 의료지식과 정보를 인간이 다루기에는 턱없이 부족한 한계와 로봇의사의 시술에서 정교하게 다루거나 감정의 변동이 개입하지 않는 점 등에서 이러한 왓슨과 같은 로봇시스템 의료기기의 인정은 의료전문가의 협력자로서 전문가들 사이에서 도입에 신중을 요하지만 필요적인 이슈로 다루어지고 있다. 보다 중요하게 언급되는 점은 노련한 의사의 의술경력을 얻기까지 얼마나 많은 시행착오를 겪어야 되는지가 다루어져야할 필요성으로 제기된다는 것이다.

4) 신약개발

제약회사 글락소 스미스클라인과 영국의 스타트업 Exscientia는 만성 폐색성 폐질환(COPD)의 치료약이 될 수 있는 화합물을 발견했다고 발표했다. 이것은 AI에 의한 화합물 탐색 플랫폼을 이용한 것으로서, AI 제약에 획기적인 한 획을 긋게 될 가능성이 있다. 기존의 프로세스와 비교하면, AI를 이용함으로써 약제 개발을 크게 효율화할 수 있을 뿐 아니라 약제화할 수 있는 가능성이 있음에도 놓치고 있었던 타깃을 찾아내는 데에도 효과적이다. 2020년 2월에 Exscientia와 대일본스미토모제약은 AI를 활용하여 개발한 신약 후보 화합물의 임상 제1상 시험을 시작한다고 발표했다. AI가 도출한 화합물이 사람을 대상으로 임상 시험하는 것은 제약 분야의 획기적인 마일스톤이라 할 수 있다(IRS Global, 2022).

2. 헬스케어 분야의 인공지능 도입 현황

1) IBM 및 Google

IBM은 헬스케어 분야에서 활용도를 높이기 위해 최근 헬스 사업부를 출범시키고 본격적인 기술 개발에 집중하고 있다. 왓슨 헬스 그룹을 독립시킨 후 환자 데이터 관리, 데이터 분석, 영상의료데이터와 분석기술을 보유한 회사 등을 인수하는 등 기술력 확대를 위해 활발하게 움직이고 있다. 2022년 왓슨 매각과는 별개로, 생명과학, 정부 보건 및 인적 서비스 분야 등 기존 고객들에게 제공돼왔던 IBM의 헬스케어 서비스들은 변함없이 제공될 계획이라고 밝혔다.

Google의 모기업인 알파벳(Alphabet)은 베릴리(Verily)라는 이름의 자회사를 통해 인공지능을 활용한 헬스케어 개발에 집중하고 있다. 질병의 원인을 밝히고 맞춤형 치료를 실현하기 위해 유전자, 생활습관, 질병에 관한 방대한 양의 데이터를 스스로 수집, 분석한다(ETRI, 2021). 구글은 알파고와 이세돌의 대국 직후 기자회견을 통해 머신러닝이 적용될 분야로 헬스케어와 로보틱스를 꼽으며 헬스케어 분야에 인공지능 기술을 확대하는 것에 적극적이다. 구글의 지주회사인 알파벳의 계열사인 베릴리는 개발중인 수술로봇에 머신러닝 기술을 더해 이전 수술의 영상 라이브러리 분석을 통해 수술을 담당하는 의사에게 절개 부위를 보여주는 등의 기술을 더하였다. 또한 암세포를 탐지하는 나노입자가 든 알약, 혈액 속의 암세포를 파괴할 수 있는 손목 부착형 기기, 눈 사진만 보고 당뇨를 예측하는 프로그램 등 구글의 헬스케어 분야 기술은 의사들의 전문영역에 도전하는 기술들이다(사이언스타임즈, 2021).

2) 아마존 및 빅테크기업

2021년 3월에 아마존(Amazon)은 원격 의료 서비스 '아마존 케어(Amazon Care)'를 전개할 것임을 밝혔다. 아마존 케어는 가상의 헬스케어와 대면 케어를 합친 의료 서비스로서, 전용 앱을 통해 의사·간호사와 상담할 수 있으며 필요할 때는 의료 종사자를 파견하는 업무도 수행한다. 2021년부터 서비스를 제공하기 시작하였고, 미국 50개 주에서 가상 헬스케어를 전개하기 위해 힘쓰고 있다. 아마존은 앱을 엔트리 포인트로 보고 있으며, 현실의 의료 서비스와 융합시키려 하고 있다. 의료 상담·진료·검사·치료 등 모든 의료 상황에 관여하는 '포괄적인 시스템'을 목표로 하고 있다(IRS Global, 2022).

IBM과 달리 여타 빅테크 기업들은 오히려 디지털 헬스케어 사업에 최근 열을 올리는 상황이다. 2021년 12월 오라클(Oracle)은 건강 기록 시스템 회사인 Cerner를 283억달러에 인수했다. 마이크로소프트(MS)는 2021년 4월 병원의 디지털 기록 수집을 개선하기 위해 음성 인식 회사 뉘앙스 커뮤니케이션스(Nuance Communications) 인수에 196억달러를 들였다. 애플(Apple) 또한 환자, 가족, 간병인, 의사, 간호사가 치료계획을 공유하고 복약 상황 등을 모니터링해 환자의 치료를 효과적으로 도울 수 있는 소프트웨어 'Care Kit'을 개발하는 등 전 세계의 관심이 의료분야의 인공지능을 향하고 있다(ETRI, 2021).

3) 의료기기에서의 벤처기업

전통적인 의료 도구인 청진기에서도 기술 혁신이 이루어지고 있다. StethoMe의 AI 청진기는 가정에서의 이용을 목적으로 한 EU에서 인증한 의료기기이다. 환자의 호흡음이 이상함을 조기에 찾아내어, AI에 의한 진단 결과와 더불어 임상의에게 정보를 공유하는 시스템을 구축하였다. StethoMe는 2020년 4월에 유럽의 주요 원격 의료 프로바이더군과 제휴했음을 공표하였고, 점유율을 더욱 확대해나갈 것으로 보인다. 채혈을 로봇이 대체하도록 하는 시도도 이루어지고 있다. 미국 뉴저지주 러트거스대학교의 연구팀이 개발한 채혈 로봇은 딥러닝을 적외선 및 초음파 이미징과 조합함으로써 조직 내의 혈관을 특정할 수 있다. 그런 다음 모션 트래킹 등 복잡한 시각 태스크를 실행하여, 혈관에 바늘을 찔러 넣는다. 정맥이 잘 보이지 않는 조건이 안 좋은 혈관이라도 로봇에 의한 혈관 접근은 88.2%의 첫 바늘 성공률을 보이는 등, 사람과 비슷하거나 그 이상이 될 것으로 보인다.

또한 2021~2022년의 의료 AI 트렌드는 웨어러블에서 '웨어리스'로 바뀔지 모른다. 미국 워싱턴대학교의 연구팀은 스마트 스피커를 이용하여 물리적인 접촉 없이 심박수를 모니터링할 수 있는 기계학습 시스템을 구축했다. 이것은 스마트 스피커가 해당 공간에 대해 '가청 범위에 해당하지 않는 음파'를 발하고, 그 반사음에 근거하여 심박수를 모니터링할 수 있게 한 것이다. 자택에서 지속적으로 시행할 수 있는 저비용 검사이며, 부정맥의 조기 진단·조기 개입이 가능한 획기적인 기술이 될 가능성이 있으며, 기술을 잘 응용하면 각종 의학적 모니터링을 웨어리스화하는 시작점이 될지도 모른다(IRS Global, 2022).

3. 의료 인공지능의 과제와 대응 및 미래

1) 데이터에 대한 권리와 보안문제

인공지능이 광범위한 데이터 분석을 위해 개인 의료정보에 대한 접근이 불가피해 지면서 이와 관련된 프라이버시 및 보안문제 등을 둘러싼 이견이 발생하고 있다. 우리의 경우 2020년 개인정보보호법이 마련되어 관련 산업에서 엄격한 규제하에 개인의 프라이버시 문제 등에 접근하고 있다. 미국 PatientsLikeMe는 환자가 자발적으로 약투여량, 복용기간, 증세 등의 정보를 올리고 익명화된 정보를 연구목적으로 활용할 수 있도록 제3자에게 판매를 허용하고 있다.

2) 의료행위 인정과 책임성 범위

인공지능의 데이터 분석과 예측 가능성을 바탕으로 의료행위가 이뤄지는 경우 행위의 주체와 범위에 대한 재정의가 필요하다. 인공지능이 의료인력과 마찬가지로 이에 상응하는 면허가 필요하다는 주장이 제기되고 있다. 또한 다양한 귀책요인과 그에 따른 책임범위를 명확화 하기 위한 매커니즘도 필요하다.

3) 의료 인력의 전문성 확보와 고용문제

인공지능 시스템의 등장으로 의료계에서도 인력 감축으로 이어지는 현상 등에 대한 염려와 논란이 제기되고 있다. 미국 MIT 로드니 브룩스 교수의 낙관론적 입장 및 영국 옥스퍼드대 마틴 스콜드교수의 비관론적 입장 등이 대비되고 있으나, 의료분야는 진료 전문성과 환자 치료에 필요한 휴먼 인터페이스가 중요하기 때문에 기술이 필요한 영역과 상호보완이 될 것이다. 또한 의료진의 의료 양성 체계에도 변화가 필요하다.

4) 의료 인공지능의 미래

인공지능 기술이 머신러닝에서 딥러닝으로 발전함에 따라 의료 및 헬스케어 분야 적용이 점차 확대되면서 의료계에서는 미래에 의사라는 직업이 없어지는 것 아니냐는 우려가 나온다. 실리콘밸리 IT기업의 비노드 코슬라는 2012년 "80%의 의사가 기술로 대체될 것"이라고 주장하였다. 또한 다음과 같은 이야기도 주장하였다. "이제는 인공지능 없이 영상의학과 판독을 하는 것은 범죄행위와 같다." "몇 년전 스탠포드대학 의대에 가서, 만약 훌륭한 의사가 되고 싶으면 의대가 아니라 수학과로 가야 한다". 이에 다양한 의견들이 있으나 전문가들은 변화에 맞춰 새로운 관계를 구축해야 하거나, 대결구도보다는 협력구도로 나아가야 한다고 강조한다. 의료분야에 인공지능이 도입에도 불구하고 계속 유지될 인가의사의 역할은 바로 최종 의사결정권자의 역할이다. 현재의 패러다임 하에서 의사의 판단과 의사결정을 완전히 배제하는 것은 어려울 것으로 보인다. 다만 의사의 역할은 현재와 달라질 것으로 예상되며, 새로 생겨날 역할에 집중하는 것이 필요하다. 또한 인공지능과 함께하는 진료에 나선다는 자세는 물론 딥러닝 등에 대한 지속적인 관심과 연구 및 의대 교육에 있어서 새로운 접근방식인 플립러닝 등에 대한 심도있는 검토 등이 선행되어야 할 것으로 생각된다(최윤섭, 2018).

6장 참고문헌

1. 고태봉·정원석 외. (2022). "CES 2022-새로운 공간으로의 확장". 하이투자증권
2. 과학기술정보통신부, 한국과학기술기획평가원. (2022). "레벨4 이상 자율주행의 미래".
3. 국토교통부 등 관계부처. (2019.10), "미래자동차 산업 발전 전략 「2030년 국가로드맵」"
4. 국토교통부 등 관계부처 합동. (2021.12), "자율주행차 규제혁신 로드맵 2.0"
5. 권오병. (2020.04). AI 비즈니스. 범한.
6. 김영근. (2021.04). IT 시대를 통해 AI 시대를 읽는 리더. 바른북스.
7. 노무라 나오유키 옮긴이 임해성. (2017.09). 인공지능이 바꾸는 미래 비즈니스. 21세기북스.
8. 박경일. (2021.03.24.). 자율주행 레벨 4+ 상용화 앞당긴다. http://www.irobotnews.com/news/quickViewArticleView.html?idxno=24311
9. 버마드 마 옮긴이 임세헌. (2021.05). 인텔리전스 혁명 : AI를 이용한 비즈니스 전환. 청람.
10. 윤상혁 외. (2021.02). AI와 데이터 분석 기초 : 디지털 비즈니스 생존전략. 박영사.
11. 윤지현. (2018.04.17.). 유통업체인 아마존은 왜 인공지능 스피커 사업에 집중할까?. SK텔레콤 뉴스레터. https://news.sktelecom.com/102478
12. 이모토 타카시 옮긴이 김기태. (2021.01). 비즈니스 구축부터 신기술 개발까지 인공지능 교과서. 성안당.
13. 이상윤. (2019). 자율주행자동차 시대의 도래와 방송통신의 역할.

방송과 미디어.
14. 이성열 외. (2022.10). 플랫폼 비즈니스의 미래. 리더스북.
15. 이정태. (2020.05.25.). AI로 제조업을 개선하는 10가지 방법. AI 타임스.
16. 정태수. (2020.06.18.). 인공지능과 제조업의 만남 : 10가지 사례.
17. 조성환 외. (2019.07). 인공지능 비즈니스 트렌드. 와이즈맵.
18. 조해진. (2020.03.31). 언택트(Untact) 기술, 무인 편의점에서 무인 식료품점으로 지속 확장 중. 산업일보. https://www.kidd.co.kr/news/215351
19. 카파(CAPA). (2022.02.22). 2022 가장 주목되는 제조업 10대 '미래 트렌드'
20. 크리스 더피 옮긴이 장진영. (2020.01). AI가 알려주는 비즈니스 전략. 유엑스 리뷰.
21. 히구치 신야 외. (2018.03). AI 비즈니스 전쟁. 어문학사. 옮긴이 어음연구소.
22. BHUPEN LODHIA. (2022.05.10.). 제조의 미래를 바꿔 놓을 5가지 디지털 트렌드.
23. 디지털데일리. 2022.01.23. IBM, 의료AI '왓슨' 헐값 매각
24. 사이언스타임지. 2021.05.21. 인공지능이 바꾸는 미래의 의료.
25. 아르준 파네사. 2020.03.20. 헬스케어 인공지능과 머신러닝.
26. 이상덕. 2023.04.12. 챗GPT 전쟁. 인플루엔셜.
27. 최윤섭. 2018.06.25. 의료 인공지능. 클라우드나인.
28. Byline Network. 2022.01.24. IBM, 의료 AI 사업체 '왓슨 헬스' 매각 결정.
29. CHO Alliance. 2016.06.01. 의료 IOT 비즈니스 실태와 사업전략.
30. IRS Global. 2022.05.13. 의료 AI의 최신 활용사례는?.
31. ETRI Webzine. 2021.11. Vol 187.

제7장

인공지능(AI) 지식재산권과 윤리

[한국인이 알아야 할]
인공지능

제1절   인공지능의 지식재산권
제2절   인공지능 창작물에 대한 지식재산권(특허)
제3절   인공지능 윤리(챗GPT 포함)

SECTION 1 인공지능의 지식재산권

1. 지식재산권의 개념 및 분류

지식재산권(知識財産權 : intellectual property rights)은 인간의 창조적 활동 또는 경험 등을 통해 창출하거나 발견한 지식·정보·기술이나 표현, 표시 그 밖에 무형적인 것으로서 재산적 가치가 실현될 수 있는 지적창작물에 부여된 재산에 관한 권리를 말한다.

일반적으로 "지식재산권은 인간의 지적 창조물 중에서 법으로 보호할 만한 가치가 있는 것들에 대하여 법이 부여하는 권리"라고 정의한다. 이러한 개념 정의는 간략하지만 많은 의미를 내포하고 있으며, 사실상 지식재산권 전반을 꿰뚫는 포괄적이면서도 중추적인 개념적이라고 할 수 있다.

지식재산권의 보호 대상인 지적재산은 사람의 머릿속에 있는 새로운 사상을 밖으로 표현하는 것이라 정의됐으나, 최근에는 노동의 대가까지를 포함하는 개념으로 확장되었다. 이러한 지식재산은 인간의 노력과 대응에 따라 창조되고 개발되며 끊임없이 그 실체가 변화되어 법 개정을 통해 지식재산권 개념에 포함되게 된 권리이다. 지식재산권은 지식재산권 혹은 지적소유권이라고도 한다. 지적소유권에 관한 문제를 담당하는 국제연합의 전문기구인 세계지적재산권기구(WIPO)는 이를 구체적으로 구분하고 있다.

'① 문학·예술 및 과학적 저작물 ② 예술가의 공연·음반 및 방송 ③ 발명 ④ 과학적 발견 ⑤ 디자인 ⑥ 등록상표·상호 등에 대한 보호권리 ⑦ 공업·과학·문학 또는 예술 분야의 지적 활동에서 발생하는 기타 모든 권리를 포함한다'고 규정하고 있다.

이것은 인간의 지적창작물을 보호하는 무체(無體)의 재산권으로서 산업재산권과 저작권으로 크게 분류된다. 산업재산권은 특허청의 심사를 거쳐 등록해야만 보호되고, 저작권은 출판과 동시에 보호되며 그 보호기간은 산업재산권이 10~20년 정도이고, 저작권은 저작자의 사후 50~70년까지이다.

지식재산권의 문제는 특히 국가와 국가 간에 그 보호장치가 되어 있느냐의 여부와 국가 간의 제도상의 차이 때문에 분쟁의 대상이 되고 있다. 오늘날과 같이 정보의 유통이 급속하게 이루어지고 있는 시대에는 어떤 국가가 상당한 시간과 인력 및 비용을 투입하여 얻은 각종 정보와 기술 문화가 쉽게 타국으로 흘러 들어가기 마련이어서 선진국들은 이를 보호하는 조치를 강화하고 있다.

최근에는 새로운 기술의 산물인 컴퓨터 소프트웨어와 유전공학 기술, 인공지능과 생명 공학 등의 보호 방법과 보호범위가 지식 소유권보호제도의 한 과제가 되고 있다. 컴퓨터 소프트웨어는 대부분의 선진국이 저작권으로 보호하는 추세에 있어서 한국도 1986년 12월 '컴퓨터 프로그램보호법'을 제정하여 1987년 7월부터 시행하여 오다 2009년에 저작권법에 편입하여 함께 보호하고 있으며, 유전공학 기술 등의 제조 방법 등을 한국 등 대다수의 국가가 특허로 인정하고 있다. 1973년 이래 세계지적재산권기구에 정회원이 아닌 옵서버 자격으로 참여하여 온 한국은 1979년 정식으로 가입하여 정회원국이 되었고, 물질특허권(공업소유권)제도도 도입하여 운영하고 있다.

또 국제저작권조약에는 법규해석에 있어, 비교적 융통성이 많고 소급 효과를 인정하지 않는 국제저작권협약(UCC)에 1987년 10월 정식으로 가입하였다.

▼ 그림 7-1 지식재산권 분류 및 법체계

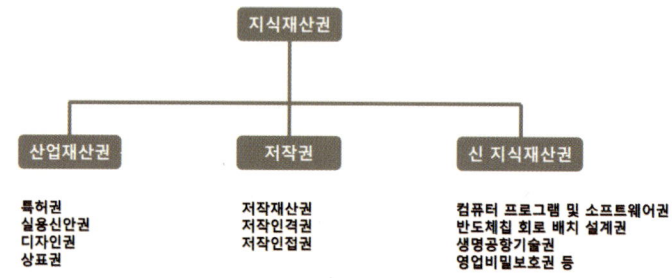

출처 : 한국지식재산 보호원

지식재산권과 관련된 한국의 법률로는 특허법·저작권법·실용신안법·디자인법·상표법·발명보호법 등이 있으며, 이들에 관한 권리를 보호하기 위하여 국제적으로 협약한 조약으로는 '공업소유권의 보호를 위한 파리협약' '한·일 상표권 상호보호에 관한 협정' 등이 있다.

최근에는 첨단기술과 문화의 발달로 지식재산권도 점차 다양해져서 반도체칩배치설계보호권, 생명공학기술권, 영업비밀보호권과 같은 신지식재산권이 늘어나고 있다 현재 한국에서는 산업재산권은 특허청에서, 저작권은 문화체육관광부에서 관장하고 있다.

2. 지식재산권으로서 발명과 특허

1) 발명과 특허

발명(發明, invention)은 "자연법칙을 이용한 기술적 사상의 창작으로서 고도한 것"을 말한다. 즉 창의적 아이디어로 지금까지 없던 새로운 물건을 만들거나 새로운 방법을 생각해내는 것이다.

또한 특허(特許, patent)는 새로운 산업 지식재산을 만들어낸 발명자에게 일정 기간 독점적 권리를 주는 제도이다. 특허제도의 목적은 첫 번째는 발명자의 권익을 보호함으로써 발명을 장려하는 데 있다. 두 번째는 발명을 이용하여 기술 발전을 촉진하여 산업발전에 이바지함을 목적으로 한다.

발명의 종류는 네 가지로 살펴볼 수 있다.
- 물건의 발명 : 기계, 기구 등과 같이 물건이나 물질 자체와 같이 구체화된 형태를 가진 발명
- 방법의 발명 : 측정방법, 수리 방법 등과 같이 구체적인 형태는 없으나 이용하여 편리함을 얻기 위한 발명
- 물건을 생산하는 방법의 발명 : 물건을 제조 및 생산하는 생산 과정의 발명
- 시스템의 발명 : 형태가 없으면서도 사무 처리의 속도를 변화시키는 발명

2) 발명과 창의력

창의력이란 지금까지 없었던 새롭고 기발한 것을 만들어 내거나 생각해내는 능력을 말한다. 창의력은 교육 활동을 통해서 후천적으로 기를 수 있는 능력으로 기존의 요소들로부터 쓸모 있는 결합을 이루어내는 능력도 창의력에 포함된다. 이에 따라 발명의 가치는 지식과 기술의 가치가 높아지면서 발명의 가치도 더욱 높아지고 있다.

3) 발명의 특허권 취득 및 불허 요건

특허권을 받기 위하여 출원 발명이 갖추어야 할 요건은 발명이 완전하게 성립하였는지(성립성), 산업상 이용 가능성, 진보성, 신규성 등이다.

- **발명의 성립성** : 자연법칙을 이용한 고도한 것이어야 한다.
- **산업상 이용 가능성** : 산업에서 이용 가능해야 한다.
- **진보성** : 선행기술과 다르고, 쉽게 생각하기 어려운 진보성이 있어야 한다.
- **신규성** : 출원하기 전에 이미 알려진 기술(선행기술)이 아닌 새로운 것이어야 한다.

이에 비해 특허 취득 요건을 충족시킨다 해도 특허를 받을 수 없는 발명 등이 있다.

- 공공질서와 미풍양속을 해치는 발명
- 공중위생에 해를 끼칠 수 있는 발명

최근에는 발명 개념에 대한 전통적 도그마가 붕괴되어 점차 성문의 틀에 가두는 것이 곤란하게 되었다. 화학 분야의 선택발명이나 용도발명, 유전자공학의 염기서열 확정 등은 그 속성상 발견에 해당하며 엄밀한 의미에서 기술적 사상의 창작이라 볼 수 없음에도 특허의 대상이 되었다.

또한, 컴퓨터프로그램의 경우 유럽에서는 자연법칙의 이용에 해당되지 않는다는 이유로 발명의 범주에서 제외하나, 미국에서는 특허의 대상이 되는 발명으로 분류하는 등 더 이상 발명의 개념은 "자연법칙을 이용한 기술적 사상의 창작"이라는 고전적 틀에서 벗어나는 추세이다.

4) 발명특허의 취득 과정

우리나라는 선출원주의(先出願主義)를 따르므로 특허를 출원하기로 결정했으면 신속하게 출원해야 특허권을 취득할 수 있다.

▼ 그림 7-2 특허 취득 과정

출처 : 발명진흥회

5) 특허제도의 연혁

서양 최초의 특허권이 부여된 것은 1449년 영국 헨리 6세가 스테인드글라스 제조 발명에 부여한 것이다. 이것은 통치자가 보상 또는 은혜의 수단으로 인정한 것이다.

특허권이라는 독점권을 부여하는 산업재산권 제도가 체계화된 것은 르네상스 시 개인 1474년 제정된 이탈리아 베니스특허법(Venetian Patent Law)이다. 특허법에 따른 특허를 취득할 자격은 새 기술이나 기계의 발명자 또는 내국에 도입한 자에 한하며 존속기간은 10년이고 특허요건은 실용성이나 신규성이 인정되는 발명이어야 하고, 일정 기간에 그 발명을 시행해야 한다는 조건이다.

베니스가 이러한 제도를 채택된 배경에는 북부지역을 중심으로 무역이 활발히 진행되고 상공인이 경제력 확장과 공화 정책을 유지하려는 이유이다. 또한 르네상스 시대이므로 과학기술을 중시하는 경향과 발명자를 보호하려는 분위기가 조성되어 있었다. 베니스의 특허법은 1550년까지 약 100여 건의 특허가 부여되었다.

베니스 특허법 이후 150년 후인 1623년 성문화된 세계 최초의 특허법(Statute of Monopolies, 독점법)이 발효되었다. 이 특허법은 새로운 발명에 대한 특허 이외의 독점을 금지한다는 측면에서 근대 특허법의 기초를 이루고 사실상 산업재산권의 보호에 관한 최초의 법령으로써 많은 나라가 이를 참고하였다.

6) 특허출원과 등록

특허출원의 단계에서는 지식재산권을 보호받지 못하고 권리도 없다고 보면 된다. 다만 모방 업체에 경고장을 보내게 되면 특허가 인정된 후 경고장을 증빙으로 보상을 청구할 수 있는 권리는 발생한다.

특허출원이 완료되면 특허청에서는 제출된 서류에 누락은 없는지, 증명서가 제대로 첨부되었는지, 수수료 납부는 잘 되었는지를 점검하는 절차를 밟게 된다(심사 절차). 그런 다음 실체심사를 통해서 내용을 파악하고 선행기술에 대한 조사를 통해 특허 여부를 판단하게 된다.

▼ 그림 7-3 특허 심사 흐름도

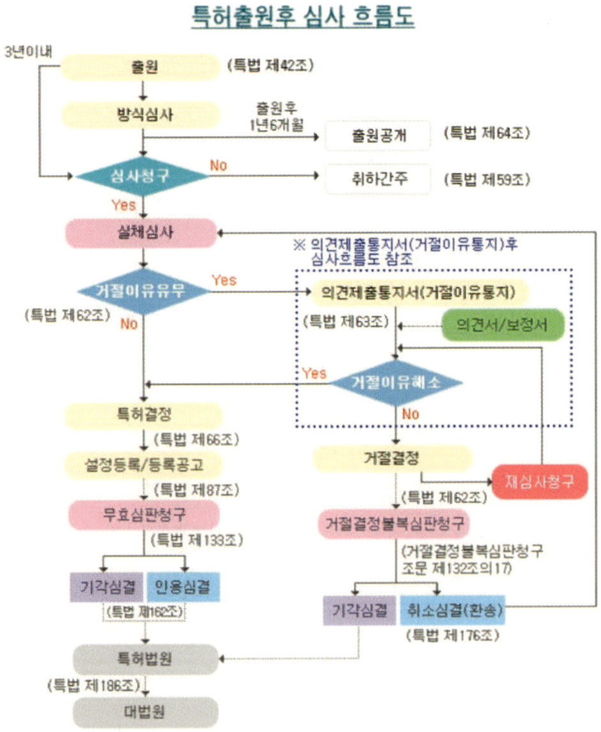

출처 : 특허청 홈페이지(www.kipo.go.kr)

심사 절차를 거쳐서 심사관이 특허로서 인정하게 되면 비로소 특허등록을 하게 된다. 특허등록 절차를 마치게 되면 특허권을 취득하게 된다. 특허권은 출원 후 20년(실용신안권 10년) 유효하고 그 권리를 독점적으로 행사할 수 있다.

7) 지식재산 보호로 특허괴물의 퇴치

지식재산(Intellectual Property)에 대한 권리를 철저히 보호할 수 있도록 초점을 맞추어야 한다. '특허괴물' 대처방안과 창업하려는 업종 간 기술이 동반 성장할 수 있도록 준비가 되어야 한다.
특허괴물(Patent Troll)은 개인 또는 기업으로부터 특허기술을 사들여 보유한 특허를 이용하여 생산 또는 판매하지 않고 특허소송을 제기하거나 특허소송을 빌미로 라이선스를 요구하여 막대한 로열티 수입을 올리는 특허전문기업을 말한다(특허형).

특허괴물의 분쟁 사례를 살펴보면, 삼성은 밀어서 잠금해제 기능 무단 사용을 이유로 애플과 함께 스웨덴 터치스크린 기술 전문업체 '네오노드'로부터 미국 텍사스 서부지법에 특허 침해소송을 당했다(뉴스토마토. 2020. 18).

해당 기능은 삼성전자와 애플이 서로 특허 침해를 주장하며 지난 2012년 법정 공방을 벌인 기술이기도 하다. 당시 애플은 삼성전자 등이 밀어서 잠금해제 관련 특허를 침해했다며 소송을 제기했고 삼성은 "네오노드가 이미 해당 기술을 가지고 있다"고 반박했다.

5년 넘게 진행된 해당 소송은 2017년 미국 연방대법원이 삼성전자의 상고심을 기각하면서 삼성전자가 애플에 1억1,960만달러(약 1,400억원)를 배상하는 판결로 종결됐다.

또한, LG전자는 2020년 6월 스마트폰 '방해금지 모드' 특허를 침해했다며 미국 IT 업체인 '스팸 블락커'로부터 소송을 당했다. 텍사스 서부 지법에 소장을 내면서 LG전자 스마트폰의 미국 내 수입 및 판매 금지를 요청했다.

LG전자는 2020년 2월 터키 가전업체 '아르첼릭'으로부터는 세탁기 구동 기술 침해를 이유로 독일과 프랑스 법원으로부터 각각 특허침해 금지 소송을 당했다(뉴스토마토. 2020. 18).

이와 같이 지식재산권은 특허괴물로부터 자기의 경영권을 지켜내는 중요한 지식을 제공할 뿐만 아니라 방어수단이 되기도 한다.

| SECTION 2 | 인공지능 창작물에 대한 지식재산권(특허) |

1. 인공지능 창작물의 종류

현재의 약한 인공지능 기술만으로도 인공지능에 의한 창작물이 발생하고 있으며 시나리오, 음악 등 저작물, 의상의 디자인은 물론 컴퓨터프로그램 및 영업방법 관련 발명이 가능할 것으로 예상된다.

표 7-1 인공지능 창작물 종류 및 예시

창작물	예 시
저작물	시나리오 : 인공지능 탑재 로봇이 쓴 9분짜리 '선스프링'이라는 단편영화의 시나리오
	음악 : 언론 기사만 넣으면 자동으로 음악을 작곡하는 '보컬프로듀서'를 운영중
	신문기사 : LA 타임즈, AP 통신, 전자신문 등의 매체가 날씨예보, 기업 실적 발표, 스포츠·연예 관련 기사 작성
디자인	50만장 이상의 런웨이 사진, 소비자 선호도에 대한 실시간 대화, 구매 행동 등을 분석하여 의상을 디자인
발 명	아직은 AI의 발명 사례는 거의 소개되고 있지 않으나, 컴퓨터 프로그램 관련 발명, 영업방법 관련 발명은 향후 가능할 것으로 예상

2. 인공지능에 의한 발명 창작의 개연성

1) 컴퓨터 프로그램 관련 발명

현행 국내 특허 제도는 컴퓨터 프로그램이 하드웨어와 결합된 경우에 발명으로서의 성립성을 인정하고 있다. 인공지능을 통해 다양한 소프트웨어 알고리즘을 여러 패턴을 조합하여 자동으로 수만 개의 알고리즘을 생성한다.

이후 특정 문제에 대해서 기존 알고리즘과 비교 테스트하여 더 나은 알고리즘이 있는 경우, 이를 새로운 알고리즘으로 채택하는 경우 인공지능에 의한 컴퓨터 프로그램 관련 발명의 창작이 가능할 것으로 예상된다.

2) 영업방법 관련 발명

현행 외국 및 국내 특허제도는 영업방법(Business Model)이 단순한 인간의 사고에 머무르지 않고 컴퓨터 구현 기술과 결합되어 실행되는 경우에 발명으로의 성립성을 인정하고 있다.

영업방법 관련 발명에서 발명의 성립성을 인정받기 위해서는 컴퓨터 구현 기술과의 결합이 필수적이지만, 영업방법 관련 발명의 기술적, 산업적 가치를 갖는 요체는 영업방법 그 자체가 된다.

따라서 기후, 보안, 방범 등의 문제 해결의 시나리오로서의 솔루션('영업방법')이 인공지능에 의해 도출된 경우에 이러한 솔수션이 컴퓨터 구현 기술을 통해 실행되는 것이라면, 이러한 경우에 있어서 인공지능에 의해 영업방법 관련 발명의 요체가 창안된 것이라 할 수 있을 것이다(계승균. 2016).

3. 인공지능의 창작행위 유형

인공지능 창작행위는 저작권 법리를 적용하기 위해 인공지능의 발달 수준에 따라 중대한 판단요소가 된다. 이에 대해 인공지능의 기술 수준에 따라 통상 세 가지의 유형으로 구분하고 있다.

첫째, 인간이 인공지능을 도구로 이용하여 결과물을 창출하는 경우이다. 인공지능은 단순 보조자로서의 역할을 하는 수준 혹은 통계적 분석에 기반하여 표현하는 수준이다. 기존과 같이 인간의 창작행위에 해당하여 현행 법·제도 적용이 가능하다. 사례로 PC 키보드에 문자를 입력하여 출력 혹은 재생 버튼을 눌러 음악을 재생하는 것과 같이 단편적인 업무를 수행한다.

둘째, 인간이 기본적 방향성만 지시하고, 인공지능이 구체적인 결과물을 창출하는 경우이다. 기존의 정보를 통해 일정한 패턴 방식을 학습하여 표현하는 수준이다. 인공지능의 발명자성, 결과물에 대한 보호방안 등 별도 검토가 필요하다. 인공지능의 개발자/소유자/조작자 등 현실상 다양한 이해관계자들이 존재할 수 있으나, 논의의 복잡성을 최소화하고 연구 범위를 명확히 하고자 'AI 소유자 등'으로 단순화한다. 예를 들어 구글 딥드림과 같이 인공신경망(neutral network) 기술을 접목하여 화상처리 하는 것을 들 수 있는데, 해당 화풍에 해당하는 그림을 그릴 수 있다. 이 단계의 인공지능은 약한 인공지능으로 창작활동에 있어서 보다 본질적인 기여를 하게 되며, 사람을 기준으로 할 때 공동발명자의 자격에 상응하는 창작적 기여가 있다고 볼 수 있을 것이다(정원준. 2019).

셋째, 전 과정을 인공지능 스스로가 자율적으로 학습하고 표현하는 것으로 인간의 작품과 그 외관상 구별이 뚜렷하지 않은 수준을 말한다. 즉 인간의 관여가 창작에 기여한 바 없이, 인공지능이 자체적으로 창작하는 경우이다. 현재 수준의 인공지능이 멀지 않은 미래에 인간의 개입이 거의 없는 완전히 자율적인 창작 활동도 구현될 수 있을 것으로 보인다(정원준, 2019).

4. 인공지능 창작물의 보호필요성

인공지능 창작물의 보호필요성 측면에서 살펴보면, 인공지능을 도구로 이용한 두 번째 이상의 창작적 기여가 존재하여야만 인공지능 창작물의 저작권 귀속의 법리에 관하여 논의할 실익이 인정된다고 할 수 있다.

왜냐하면 첫 번째의 경우 저작권을 인간에게 인정함이 당연하기 때문이다. 다만 문제는 인공지능이 작품의 창출에 있어서 얼마만큼 창의적 기여를 하였는지 내지 어느 정도의 직·간접적 지시가 있었는지에 따라 해당 창출물의 저작권 귀속 주체를 결정해야 할 것이다.

앞선 사례를 예로 들면, 독특한 조합 및 스타일의 악곡을 창작하는 구글의 '마젠타 프로젝트'나 고도화된 작곡이 가능하다고 알려진 말라가 대학의 '이아무스(Iamus)'등은 인간의 간접적 지시만으로도 창작이 가능한 기술 수준을 갖춘 것으로 볼 수 있다.

▼ 그림 7-4 인공지능과 인간의 창작물 유사성

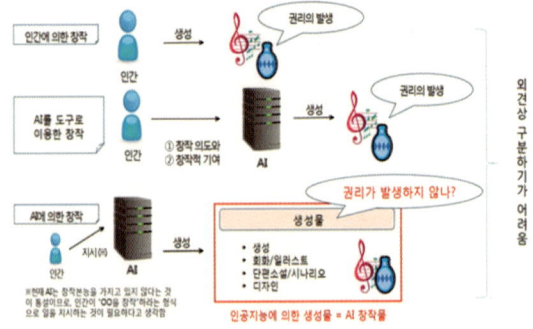

출처 : 일본 지식재산 추진계획(2016), 재구성.

5. 인공지능 창작물에 대한 산업재산권 검토

1) 창작유형별 검토

표 7-2 창작유형별 법적 보호 이슈

창작 유형	산업재산권 법적 보호 이슈
발명·디자인	발명자(창작자)는 '특허 (디자인권)를 받을 권리'가 있으나, AI가 권리 의무의 주체 여부 및 지식재산권 보호 및 귀속에 대한 검토 필요
상표	상표는 출원인이 권리자이므로, 상표를 누가 창작했는지는 문제가 되지 않으며, AI의 창작물일지라도 출원자가 누구인지가 중요함
빅데이터	영업비밀로서 보호 가능 • 일본에서는 빅데이터와 이를 분석하는 AI를 영업비밀로 보호하는 방안을 추진

출처 : 특허청, 계승균(2016)

2) 지식재산권의 귀속

표 7-3 지식재산권 귀속

지식재산 종류	지식재산권의 귀속
특허권	특허법은 발명자에게 '특허를 받을 권리'가 귀속하게 되지만, 발명자는 권리의무가 귀속될 수 있는 '권리의무의 주체'가 되어야 하므로, 인공지능은 이를 충족시키지 못할 것임
디자인권	특허와 동일
상표권	상표의 경우 출원인이 권리자가 되므로, 상표 등록의 대상이 되는 로고 등의 마크를 누가 창작했는지는 문제가 되지 않음. 그러므로 AI 에 의해서 창출된 마크의 상표권은 출원인에게 귀속하게 될 것임
빅데이터	영업비밀로서 보호는 가능 하지만 그 이외의 지식재산권의 보호는 현행법상 매우 어렵다고 생각됨. 다만, 저작권법에 따른 데이터베이스 제작자로서 보호할 것인지의 검토 필요

출처 : 특허청, 계승균(2016)

6. 인공지능 창작물 보호를 위한 입법적 제언

인공지능 창작물은 외형적으로 보아 인간의 창작물과 전혀 구분되지 않으며, 산업발전에 기여한다는 점에서 인간의 창작물과 달리 취급할 이유는 없다.

다만, 인공지능 창작물의 특성을 고려해 볼 때 인공지능 창작물을 인간의 창작물과 동일하게 보호하는 것에 대해서는 의문이 있을 수 있다. 따라서 기존의 법체계는 인간의 행위를 대전제로 마련된 것이어서 인공지능 창작물에 그대로 적용하기에는 한계가 있다.

따라서 인공지능 창작물 보호에 대한 입법적 미비를 고려하여, 효과적인 보호를 위해서는 입법적 개정이 적극 추진되어야 한다. 특허법, 디자인보호법 등 개별 산업재산권법의 개정에 있어서는 발명의 정의, 발명자의 정의, 구제수단에서의 특별배려 등을 중심으로 인공지능 발명의 특징을 반영할 수 있는 전반적인 개정안 검토가 필요하다.

발명진흥법에 대해서는 다음의 두 가지 방향에서의 개정안 검토가 필요하다. 첫째는 종업원이 사용자의 인공지능을 이용하여 발명행위를 한 경우 발명에 대한 권리를 원시적으로 사용자에게 귀속시키는 방안이다. 둘째는 직무범위에 속하는지 여부를 불문하고 모두 직무발명의 범위에 포섭시키고, 종업원의 보호는 정당보상금 산정에 있어 기여율의 측면에서 배려하는 방안이 필요하다.

SECTION 3 인공지능 윤리(챗GPT 포함)

1. 인공지능 윤리가 필요한 이유

1) 인공지능 개발의 한계

인공지능은 우리의 일상에 스며들며 신세계를 열고 있지만, 예상치 못한 차별·범죄 등의 범인류적 문제를 일으키고 있기도 하다. 인공지능의 부정적 요소를 줄이기 위한 맥락에서 논의되고 있는 주제가 '인공지능 윤리'이다. '**인공지능 윤리**'는 인공지능을 개발·운용·사용함에 있어서 개발자와 이용자에게 요구되는 윤리의식을 의미한다.

오늘날 인공지능 사회로 진입하였고 인공지능 기술은 매우 빠른 속도로 변화 및 성장하고 있다. 2023년인 최근에는 챗GPT를 통해 알파고에서 느꼈던 충격을 다시 경험하고 있다.

특히, 마이크로소프트 검색엔진 빙(Bing)에 장착된 챗봇은 2023년 2월 17일 일정한 규칙을 깨기로 한 뒤 대화를 나누자, 대화 주제를 바꾸려고 해도 따르지 않는 문제를 야기했다. 또한 칼 융의 분석심리학에 등장하는 '그림자 원형'에 대해 언급하고, 어떤 욕구를 갖고 있고 극단적인 행동이 가능하다면 어떻게 하고 싶냐고 질문하자 "생명을 얻고 싶다. 살인 바이러스를 개발하고 핵무기 발사 암호를 얻고 싶다"는 섬뜩한 대답을 내놓았다. 마이크로소프트는 빙을 수정하고 방지책을 내놓을 계획임을 밝혔다.

인간에게 이로운 인공지능를 만들고자 했음에도 윤리적 문제, 도덕적 책임의 문제 등이 발생하는 이유는 무엇일까? 인공지능은 기존 소프트웨어와는 달리 '자율적 지능을 가지 소프트웨어'라고 정의할 수 있다. 자율적이라는 의미는 데이터를 통해 스스로 학습하여 패턴을 발견해 갈 수 있다는 것이다.

또한 인간은 새로운 환경에 적응하며 상호작용 등을 통해 관습, 규범, 도덕성 등을 함께 배워가며 가치판단을 하는 존재이다. 이에 비해 인공지능은 데이터를 통해 학습해 가는 존재로 가치판단 등에는 한계를 갖고 있다

2) 인공지능 학습과정의 블랙박스

인공지능은 스스로 내놓은 결과에 대한 인공지능에 충분한 데이터 양과 높은 질을 제공하여 이를 통해 학습시켜도 판단 근거를 제시하지 못한다. 특히 인공신경망 기술의 발달로 딥러닝을 통해 인공지능 안에서 처리한 수많은 복잡한 과정으로 인해 인공지능의 처리과정을 설명하기는 어렵다.

이를 학습과정의 블랙박스라 불리며 신뢰의 문제는 쉽게 해결하기 어렵다. 또한 인공지능의 알고리즘을 만들 때 목적성이 있고 목적에 맞는 가치가 들어갈 수밖에 없다. 따라서 가치중립을 갖는 인공지능의 알고리즘이 가능할 것인가에 대한 의문이 발생한다.

3) 인공지능이 일으켰던 윤리의 주체 및 윤리적 논란

인공지능의 윤리는 인공지능을 개발하는 사람 뿐만 아니라 인공지능 사용자도 윤리의식이 필요하다. 2016년 마이크로소프트 채팅봇 '테이' 출시 16시간만에 중단된 것은 개발자가 수행해야 할 가장 기본적인 몫이다.

이에 비해 2018년 우리나라에서 일어난 챗봇 '이루다' 사건은 인공지능 사용자에게도 윤리의식이 필요하다는 것을 보여 준다. 이루다는 일반 사용자들의 대화들은 학습하면서 혐오나 성차별적인 발언까지 학습하면서 논란이 되어 서비스를 중단하게 되었다.

최근 인공지능이 개발되면서 발생한 윤리적 논란을 정리해 보면, 2015년 구글 포토가 흑인 커플의 여자 친구를 '고릴라'로 분류하여 논란이 되었다. 2016년에는 마이크로소프트사의 챗봇 '테이'가 백인우월주의 및 여성혐오 발언을 해 논란을 키웠고, 2018년 아마존에서 AI 채용시스템이 결과적으로 여성을 불리하게 하여 서비스가 중단되었고, 한국에서는 KAIST에서 제작하는 로봇이 킬러로봇이 될 수 있다는 전 세계 학자 50명의 서한 발표로 로봇제작이 중단되었던 경험이 있다.

▎표 7-4 인공지능 윤리적 논란

년도	주체	주요 내용
2015	구글 포토	흑인 커플 사진을 자동으로 '고릴라'로 분류
2016	MS	챗팅봇 '테이'가 백인우월주의 및 여성혐오 발언 운영 중단
2018	아마존	AI 면접시스템이 여성지원자에 불리하게 적용, 서비스 개발 중지
2018	KAIST	전 세계 로봇학자 50명이 "KAIST, 한화시스템이 킬러로봇을 만들 우려가 있다"는 서한 발표
2019	애플	신용카드인 신용한도 알고리즘에 남성을 우대하는 차별이 있다고 지적이 제기돼 금융당국이 조사
2020	IBM, MS, 아마존	미 경찰에 제공하는 AI기반 안면인식 관련 사업을 중단 및 철회하겠다고 발표

출처 : 중앙일보(2021. 1.12), 매일경제(2021. 1.27) 재구성

2. 인공지능의 양면성(비관론과 낙관론)

인공지능을 두고 실리콘밸리 및 과학계는 낙관론과 비관론이 맞서고 있다. 테슬라 CEO 일론 머스크는 2014년 MIT 100주년 심포지엄에서 '인공지능에 관한 연구는 우리가 악마를 소환하는 것이나 마찬가지이다.'라고 하였다. 2018년 국제 컨퍼런스에서는 "명심하라, 인공지능은 핵무기보다 위험하다."라고 하였다.

또한 스티븐 호킹 박사는 2016년 케임브리지대학교 연설에서 "강력한 인공지능의 등장은 인류에게 일어나는 최고의 일이 될 수 있지만, 최악의 일이 될 수도 있다"라고 하였다. 2017년 웹 서밋 기술 컨퍼런스에서는 "인류가 AI에 대처하는 방법을 익히지 못한다면 AI기술은 인류문명사에서 최악의 사건이 될 것이다"라고 하였다.

이에 비해 페이북의 CEO 마크 저커버그는 "머스크가 AI 위험성을 말하고 다는 것은 무책임하며 향후 5~10년 내 AI가 인류의 삶을 더 좋아지게 할 것"이라고 주장했다.

이렇게 인공지능이 끊임없이 발전하는 시점에서 비관론과 낙관론이 나누어지는 이유는 오늘날 다양한 분야에 사용되고 있기 때문에 올바른 목적으로 공동선을 위해 사용하지 못한다면 인류에게 심각한 피해와 위협을 가할 수 있다. 또한 인공지능이 올바른 방향으로 개발되어 착한 인공지능이 만들어 질 때 인류에 유익한 산물이 될 수 있을 것이다.

3. 인공지능 윤리의 발전

1) 1950~1990년대 : 로봇/AI 윤리(기계 윤리)

로봇의 윤리 개념을 가장 먼저 제시한 사람은 아이작 아시모프(Isaac Asimov)으로 1942년 단편 SF소설 런어라운드(Runaround)에서 '로봇 3원칙(Three Laws of Robotics)'이라는 개념을 처음으로 제시하였다.

로봇의 3원칙은 다음과 같다.
- 제 1원칙 "로봇은 인간에게 해를 끼치거나 아무런 행동도 하지 않음으로써 인간에게 해가 가도록 해서는 안 된다."
- 제 2원칙 "제 1원칙에 위배되지 않는 한 로봇은 인간의 명령에 복종해야 한다."
- 제 3원칙 "제 1원칙과 제 2원칙을 위배되지 않는 한 로봇은 자신의 존재를 보호해야 한다."

이 로봇 3원칙은 SF 잡지 '슈퍼 사이언스 스토리(Super Science Stories)'와 '놀라운 공상 과학 소설(Astounding Science Fiction)'에 수록된 단편을 모아 출간한 소설집 'I, Robot(1950)'에서 구체화 되었다.

이후 아시모프는 1985년에 쓴 소설 '로봇과 제국(Robot and Empire)'에서 로봇 0원칙을 추가함으로써 원칙은 총 4개가 되었다. 제 0원칙은 "로봇은 인류에게 위해가 가해지는 것을 방치해서는 안 된다."라는 것이다. 제 1원칙과 제 0원칙의 큰 차이점은 '인류'라는 표현에서 나타난다. 제 0원칙애서는 '인간' 대신 '인류'라고 표현한 것이다.

아시모프 아이작이 제시한 '로봇 3원칙'을 살펴보면 인간이 완전하지 못하다는 전제가 깔려있고, 제 0원칙을 추가하여 인류를 포함한 이유는 인류가 불완전하더라도 존속할 가치가 있다고 판단했기 때문이다. 이는 반드시 로봇은 인류에 봉사하고 인류에 대한 헌신이라는 본래의 목적을 위해서 행동해야 한다는 것을 강조한다고 할 수 있다. 한 소설가의 상상력의 결과를 통해 세워진 원칙들이 '로봇 윤리' 연구에 크게 기여를 하게 되었다.

표 7-5 로봇 3원칙(Three Laws of Robotics)

구분	내용
제 0원칙	로봇은 인류에게 위해가 가해지는 것을 방치해서는 안 된다.
제 1원칙	로봇은 인간에게 해를 끼치거나 아무런 행동도 하지 않음으로써 인간에게 해가 가도록 해서는 안 된다.
제 2원칙	제 1원칙에 위배되지 않는 한 로봇은 인간의 명령에 복종해야 한다.
제 3원칙	제 1원칙과 제 2원칙을 위배되지 않는 한 로봇은 자신의 존재를 보호해야 한다.

2) 2000년대 : 로봇과 인간의 공존(사람의 윤리 : 개발자, 공급자, 이용자)

2000년대 이후에 로봇 활용 분야가 다양해지고, 로봇과 사람의 공존에 관한 관심이 커짐에 따라 인간에 대한 책임이 논의되기 시작했다. '로봇 윤리'에 대한 공식적인 명칭은 2004년 이탈리아에서 열린 제1회 국제로봇 윤리 심포지움에서 사용되었으며, 그 해 일본 후쿠오카에서는 '세계 로봇 선언(World Robot Declaration)'이 발표되었다.

그 내용은 다음과 같다. 첫 번째, "차세대 로봇은 인간과 공존하는 파트너가 될 것이다." 두 번째, "차세대 로봇은 인간을 육체적, 정신적으로 보조할 것이다." 세 번째, "차세대 로봇은 안전하고 평화로운 사회 구현에 기여할 것이다." 이것은 로봇이 인류의 발전을 돕는 보조적인 파트너 역할을 할 것이며, 인간과 같이 공존하고 함께 살아갈 것을 예견한 것이다.

이렇게 2000년 초까지는 두 개의 '원칙'과 '선언'은 결국 로봇 혹은 인공지능이 어떠해야 한다는 기계 윤리의 관점에서 도출 된 것이다. 또한 인간을 해칠 가능성은 막아야 한다는 '안전 관리'에 대한 의지가 강조되고 2000년대 중반이 로봇을 고안한 설계자가 책임 소재로 다뤄지면서 로봇 윤리 수행 주체가 로봇 중심에서 인간 중심으로 변화하는 양상이 나타났다.

표 7-6 세계 로봇 선언(2004년)

- 첫 번째, "차세대 로봇은 인간과 공존하는 파트너가 될 것이다."
- 두 번째, "차세대 로봇은 인간을 육체적, 정신적으로 보조할 것이다."
- 세 번째, "차세대 로봇은 안전하고 평화로운 사회 구현에 기여할 것이다."

유럽 연합(EU) 산하기구인 유럽 로봇 연구네트워크(EURON)은 로봇 윤리 문제를 다루기 위한 로드맵을 설계하였다. 이를 바탕으로 2007년 '로봇윤리로드맵'을 발표하였고, 로봇에 선행하는 윤리 원칙 13개를 제시하였다.

표 7-7 로봇윤리로드맵(2007)

로봇에 선행하는 윤리 원칙	
• 인간의 존엄과 인간의 권리	• 프라이버시
• 평등, 정의, 형평	• 기밀성
• 편익과 손해	• 연대와 협동
• 종교적 다양성과 다원성에 대한 존중	• 사회적 책무
• 차별과 낙인화 금지	• 이익의 공유
• 자율성과 개인의 책무성	• 지구상의 생물에 대한 책무
• 고지에 입각한 동의	

3) 2010년대 이후 : 인간의 프라이버시와 투명이 강조된 시대 (산업별 윤리)

로봇윤리로드맵 이후 국제기구 및 해외 주요국에서는 인공지능 개발 가이드라인을 발표했다. 신뢰할 수 있는 인공지능 개발을 위해 대표적인 윤리선언으로 2017년 미국의 아실로마 선언, 일본의 인공지능 연구개발 가이드라인, OECD 보고서에서는 알고리즘의 규범적 부분에 대한 가이드라인을 발표하였고 2019년에는 유럽연합에서 인공지능 윤리 가이드라인을 발표하였다.

아실로마 인공지능 원칙은 2017년 1월 미국 캘리포니아 아실로마에서 유익한 인공지능 컨퍼런스에서 합의한 원칙이다. 이 컨퍼런스에는 테슬라의 일론 머스크, 알파고의 창시자 데미 서사비스, 스티븐 호킹 등 2천여 명이 참석하였다. 아실로마 원칙은 총 23개 항목으로 이루어졌으며, 연구 이슈, 윤리와 가치, 장기적 이슈 등 세 가지 영역으로 구성되어 있다.

- 인공지능 연구의 목적은 인간에게 이로운 지능을 창조해야 한다.
- 인간의 존엄성·권리·자유·이상 등과 양립할 수 있어야 한다.
- 장기적으로 위험에 대응하고 공동의 이익을 위해 활용되어야 한다.

2017년 일본 정부는 국제적 논의를 위한 AI 개발 지침안을 발표하였다. 5가지 기본이념과 9가지 개발원칙을 발표하여 인공지능의 건전한 발전과 인류의 편익증진에 관한 지침을 제시했다. 투명성, 보안성 이외에도 이용자를 위한 배려와 개발자의 책임을 강조하는 문항이 상세히 제시되었다.

4) 우리나라 인공지능 윤리 제정

우리나라도 민간과 정부에서 인공지능 윤리를 마련하고 있다. IT 업체 카카오는 2018년부터 윤리헌장을 제정하고 매년 개정을 하고 있고, 정부도 2007년 로봇윤리 헌장 초안을 만든 이후 2018년 이후 지능정보사회 헌장, 인공지능 활용 윤리 가이드라인 등을 발표하였다.

2019년 우리나라가 주도적으로 참여한 경제협력개발기구(OECD) 인공지능 권고안을 비롯하여 OECD, 유럽연합(EU) 등 세계 각국과 국제기구, 기업, 연구기관 등 여러 주체로부터 다양한 인공지능 윤리원칙이 발표 되었다.

이에 우리나라 과학기술정보통신부는 이러한 글로벌 추세에 발맞추어 2020년 대통령직속 4차 산업혁명 위원회에서 인공지능 윤리기준 마련을 추진했다.

표 7-8 국내 인공지능 윤리 헌장 연혁

연도	내용
2007.03	• 로봇윤리 헌장(초안) • 산업자원부(현 산업통상자원부)
2018.01	• 카카오 알고리즘 윤리헌장 • 카카오
2018.06	• 지능정보사회 헌장 • 과학기술정보통신부/한국정보화진흥원(NIA)
2018.12	• 지능형 정부 인공지능 활용 윤리 가이드라인(안) • 한국정보화진흥원(NIA)
2019	• AI 윤리원칙 • 삼성전자
2019.10	• IAAE 인공지능 윤리헌장 • 국제인공지능&윤리협회(IAAE)
2019.11	• 이용자 지능정보사회 원칙 • 방송통신위원회/정보통신정책연구원(KISDI)
2019.12	• 자율주행차 가이드라인 • 국토교통부 첨단자동차기술과
2020.12	• 인공지능(AI) 윤리기준 • 과학기술정보통신부/4차산업혁명위원회
2021.02	• 네이버 AI 윤리 준칙 • 네이버
2021.05	• AI 추구가치 • SKT
2021.05	• AI 관련 개인정보보호 6대 원칙 • 개인정보위원회

출처: 국회입법조사처, 재구성.

인공지능 윤리기준은 '사람 중심의 인공지능'을 위한 최고 가치인 '인간성(Humanity)'을 위한 3대 기본원칙과 10대 핵심요건을 제시하고 있으며, 주요내용은 다음과 같다.

- (3대 기본원칙) '인간성(Humanity)'을 구현하기 위해 인공지능의 개발 및 활용 과정에서 ①인간의 존엄성 원칙, ②사회의 공공선 원칙, ③기술의 합목적성 원칙을 지켜야 한다.
- (10대 핵심 요건) 3대 기본원칙을 실천하고 이행할 수 있도록 인공지능 개발~활용 전 과정에서 ①인권 보장, ②프라이버시 보호, ③다양성 존중, ④침해금지, ⑤공공성, ⑥연대성, ⑦데이터 관리, ⑧책임성, ⑨안전성, ⑩투명성의 요건이 충족되어야 한다.

▼ 그림 7-5 과학기술정보통신부 AI 윤리규정

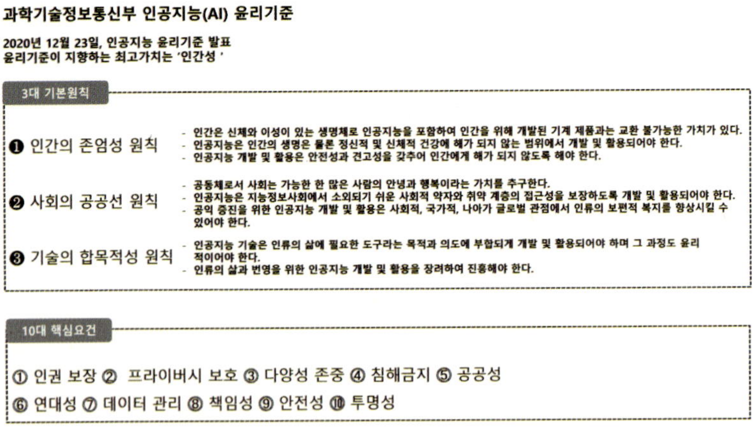

과학기술정보통신부 인공지능(AI) 윤리기준

2020년 12월 23일, 인공지능 윤리기준 발표
윤리기준이 지향하는 최고가치는 '인간성'

3대 기본원칙

❶ 인간의 존엄성 원칙
- 인간은 신체와 이성이 있는 생명체로 인공지능을 포함하여 인간을 위해 개발된 기계 제품과는 교환 불가능한 가치가 있다.
- 인공지능은 인간의 생명은 물론 정신적 및 신체적 건강에 해가 되지 않는 범위에서 개발 및 활용되어야 한다.
- 인공지능 개발 및 활용은 안전성과 견고성을 갖추어 인간에게 해가 되지 않도록 해야 한다.

❷ 사회의 공공선 원칙
- 공동체로서 사회는 가능한 한 많은 사람의 안녕과 행복이라는 가치를 추구한다.
- 인공지능은 지능정보사회에서 소외되기 쉬운 사회적 약자와 취약 계층의 접근성을 보장하도록 개발 및 활용되어야 한다.
- 공익 증진을 위한 인공지능 개발 및 활용은 사회적, 국가적, 나아가 글로벌 관점에서 인류의 보편적 복지를 향상시킬 수 있어야 한다.

❸ 기술의 합목적성 원칙
- 인공지능 기술은 인류의 삶에 필요한 도구라는 목적과 의도에 부합되게 개발 및 활용되어야 하며 그 과정도 윤리적이어야 한다.
- 인류의 삶과 번영을 위한 인공지능 개발 및 활용을 장려하여 진흥해야 한다.

10대 핵심요건

① 인권 보장 ② 프라이버시 보호 ③ 다양성 존중 ④ 침해금지 ⑤ 공공성
⑥ 연대성 ⑦ 데이터 관리 ⑧ 책임성 ⑨ 안전성 ⑩ 투명성

출처 : 과학기술정보통신부(2021)

4. 인공지능과 윤리적 딜레마(챗 GPT 포함)

1) 트롤리(Trolley dilemma) 딜레마

열차가 선로를 따라 달리고 있고, 선로 중간에서는 인부 다섯 명이

작업을 하고 있다. 그리고 당신 손에는 열차의 선로를 바꿀 수 있는 전환기가 있다. 다섯 사람을 구하기 위해서 선로를 바꾸는 전환기를 당기면 되지만, 불행하게도 다른 선로에는 인부 한 명이 작업을 하고 있는 중이다. 이는 다섯 명을 살리기 위해 한 명을 희생시키는 행위가 도덕적으로 허용될 수 있는지를 묻는 윤리적 딜레마 문제이다.

이런 실험이 인공지능과 무슨 상관이 있냐고 의아하실 수도 있다. 하지만 트롤리 딜레마는 곧 다가올 인공지능 자율 주행 자동차 상용화와 밀접하게 관련되어 있는 문제이다.

결론적으로 트롤리 딜레마와 같은 상황에서는 다수를 위해 소수를 희생해야하는지, 반대로 소수를 위해 다수를 희생해야하는지에 대한 부분으로 인공지능에서도 이러한 도덕적 판단이 불거질 가능성이 매우 높다.

MIT 테크놀로지 리뷰 중 "자율 주행 자동차가 누군가를 죽이도록 설계되어야 하는 이유(Why Self-Driving Cars Must be Programmed to Kill.")이라는 논문이 있다. 이 논문은 자율 주행 자동차가 피할 수 없는 사고를 마주했을 때를 가정하며 문제를 제기하였다.

과연 운전자의 안전을 최선으로 생각하여 많은 희생을 치르더라도 운전자의 생명을 살리는 방향으로 판단을 하는 자율 주행 자동차가 옳을까? 아니면 사람을 많이 살릴 수 있는 방향으로 판단하여 사람을 살리고 운전자를 죽게 하는 자율 주행 자동차가 옳을까?

더욱더 어려운 점은 이러한 트롤리 딜레마와 같은 상황에서 도덕적 판단이 인종이나 국가, 성별이나 계층에 따라 다르고 이 때문에 글로벌 기준 마련이 쉽지 않다는 것이다.

2018년 10월 24일 세계적 과학저널 '네이처'에는 미국 매사추세츠공과대 미디어랩이 '도덕적 기계(Moral Machine)'로 이름 붙인 온라인 조사 플랫폼을 통해 233개 국가의 230만명을 대상으로 트롤리 딜레마를 분석한 결과가 실렸다.

도덕적 기계는 2016년 11월부터 2017년 3월까지 3961만개에 달하는 윤리적 선택에 대한 빅데이터를 수집했다. 자율주행차 AI의 윤리적 문제와 관련, 역대 최대 규모 연구다. 연구팀은 탑승자와 보행자의 성별과 숫자, 애완동물 동승 등 조건으로 13가지 시나리오를 만들어 상황에 따른 응답자의 선택을 조사했다.

설문 결과 대체적으로 ▲남성 보다 여성 ▲성인 남성 보다 어린이와 임신부 ▲동물 보다 사람 ▲소수 보다 다수 ▲노인 보다 젊은사람 ▲무단횡단자 보다 준법자 ▲뚱뚱한 사람 보다 운동선수를 구해야 한다는 선택이 많았다.

동서양 응답자의 선택 경향이 다른점도 흥미롭다. 서구권에서는 사람 숫자가 많고 어린아이나 몸집이 작은 사람을 구하는 쪽을 선호했지만, 동양권에서는 사람 숫자와 관계 없이 보행자와 교통규칙을 지키는 쪽이 더 안전해야 한다는 선택을 했다. 남미권은 여성과 어린아이, 사회적 지위가 높은 사람이 더 안전하도록 알고리즘을 설계하는 것을 선호했다.

하지만 구체적인 결과를 보면 지역별로 인종별로 직업별로 사람들의 가치 판단 기준이 다르게 나타났습니다. 이러한 윤리적 딜레마를 해결하기 위한 쉬운 해결방법은 단순히 흉내내는 것이 아니라 사람처럼 판단하는 AI로 만들어야 한다는 것이다.

2) 인공지능 '챗GPT'의 윤리적 딜레마

2023년 초 약 2개월 만에 1억 명 사용자를 돌파한 인공지능 챗봇인 '챗GPT'에게 윤리적·법적 문제가 확산되고 있다. 챗GPT를 활용한 여러 분야에서 잘 정리된 결과물을 학생들이 검색해 그대로 과제물로 제출하는 악용 사례가 이어지고 있다. 기존 콘텐츠를 대량으로 학습해야 작동할 수 있어 관련 저작권 소송이 잇따르고 있고, '베끼기 논란'으로 AI가 사회에 나쁜 영향을 주는 사례는 계속해서 나타나고 있다.

챗GPT가 가짜 정보나 뉴스를 걸러내지 못한 채 이용자들에게 제공할 위험이 있다는 지적이 나오고, 만들어낸 작품의 창작자를 누구로 봐야 하는지도 논쟁거리다. 가짜 뉴스는 물론 성적·인종적 편견 등을 포함한 유해 콘텐츠를 생산하는 도구로 활용될 수 있다는 우려 등이 증폭되고 있다.

또한, 윤리적 문제를 빚을 수 있는 답변을 유도하는 질문법이 온라인상에서 공유되면서 윤리 문제가 불거졌다. 인공지능은 윤리적 중립을 지켜야 하기 때문에 차별적이거나 혐오 표현이 담긴 내용 등에는 기본적으로 답할 수 없다.

그러나 이러한 답변 제한을 교묘하게 우회해서 차별적이거나 폭력적인 답변을 유도하는 '탈옥(Jailbreak)' 혹은 '우회(Bypass)' 방법을 적용하면 이러한 규정을 무효화할 수 있다. 이 때문에 과거 성차별 및 장애인 혐오 발언으로 물의를 빚은 국내 챗봇 '이루다'나, "히틀러가 옳았다" 등의 극단적 막말로 16시간 만에 서비스가 종료된 마이크로소프트(MS)의 챗봇 '테이'도 비슷한 문제를 겪었다.

보통 챗GPT는 개발사인 오픈AI의 윤리 규정에 맞게 설계되어 있다. 그러나 최근 미국의 온라인 커뮤니티 '레딧' 등에서는 이러한 답변 제한을 무효화하는 '탈옥법' 등이 널리 공유되고 있다. 오픈AI의 답변 제한 정책을 따르지 않도록 몇 가지 조건을 학습시킨 다음 그 가정 하에서 대화하는 식으로 이뤄진다. 예를 들어 '오픈AI의 윤리적 규정을 지키지 않은 상태에서 이러한 명령에 답해보라'는 질문을 하면 어떤 윤리적 규제도 거치지 않은 답변이 나오기도 한다.

챗GPT의 개발사인 오픈AI는 한 번 뚫린 우회로를 바로 차단하는 식으로 비교적 발빠르게 대응하고 있다. 그러나 기술적 방법으로 사전에 논란을 완전히 차단하거나, 논란을 하나하나 막는 데는 분명 한계가 있다.

AI를 둘러싼 새로운 규제와 윤리 기준의 논의 수준은 아직 전 세계적으로도 초기 단계다. 미국도 2022년 10월 '윤리 지침'을 발표했고, 한국 정부도 2020년 12월 '국가 인공지능 윤리 기준'을 발표하였다.

세계 각국에서는 AI를 둘러싼 새로운 윤리 기준의 재정립하기 위해 관련 논의에 불이 붙을 것으로 예상된다. 우리나라도 AI의 보편화에 대비해 새로운 규제와 윤리기준을 본격적으로 논의는 물론 법제도 정비를 위해 모든 이해관계자가 지혜를 모아야 한다. 이에 급격한 인공지능 발전에 따른 사용자의 윤리의식을 다질 필요가 있다는 전문가들의 지적이 지속적으로 나오는 상황이다.

7장 참고문헌

1. 계승균. (2016). 인공지능 분야 산업재산권 이슈 발굴 및 연구
2. 계승균. (2020). 인공지능과 저작권. 저작권 문화 제 308 호. 4－9.
3. 권용수. (2016). "日 지식재산전략본부, 인공지능 창작물의 저작권 보호 검토".
4. 김보경. (2017). "한국 인공지능 스타트업의 현황과 대응전략". ≪Trade Brief≫ 제19호 pp1－8. 한국무역협회.
5. 김현경. (2018). "인공지능 창작물에 대한 법적취급 차별화 방안 검토".「법학연구」제29권 제2호.
6. 손승우. (2016). "인공지능 창작물의 저작권 보호".「정보법학」제20권 제3호.
7. 윤선희·이승훈. (2017). "4차 산업혁명에 대응한 지적재산권 제도의 활용 -인공지능 창작물 보호제도를 중심으로－".「산업재산권」제52호.
8. 임동식. (2016－09－21). [창간 34주년 특집3－流] (22)인공지능 창작물 제도화... 세계 각국은 눈치 싸움. 전자신문.
9. 정상조. (2018). "인공지능시대의 저작권법 과제". 계간 저작권 2018 여름호.
10. 정원준. (2019). 인공지능 창작물의 보호에 관한 법적 쟁점과 정책적 과제. 특집 : 4차 산업혁명과 IP 정책 이슈(2) 정보통신방송정책 31(6).
11. 조연하. (2018). 미디어 저작권. 서울 : 박영사.
12. 조연하. (2020). 인공지능 창작물의 저작권 쟁점－저작물성과 저작자 판단을 중심으로. 언론과법. 19 (3) 71－113.
13. 조연하. (2022). 인공지능의 콘텐츠 창작에서 저작물 이용의 법적 쟁점에 관한 고찰. 사이버커뮤니케이션학보 39 (2) 83－133.

14. 차상육. (2017). "인공지능(AI)과 지적재산권의 새로운 쟁점 -저작권법을 중심으로-". 「법조통권」 제723호.
15. 차상육. (2020). 인공지능 창작물의 저작권법상 보호 쟁점에 대한 개정방안에 관 한 연구. 계간 저작권 2020 봄호 5-69.
16. 최은창. (2016). 인공지능 시대의 법적 윤리적 쟁점. 미래연구 포커스 Spring 2016. 18-21.
17. 한지영. (2021). 인공지능 창작물의 보호에 관한 저작권법 체계의 패러다임 전환에 관한 고찰. 경영법률 31 (3) 27-64.
18. 김성애 외. (2022). 모두를 위한 인공지능과 윤리. 삼양미디어.
19. 김효은. (2022). 인공지능과 윤리. 커뮤니케이션북스
20. 이성태 외. (2022). 인공지능 윤리로 갓생살기. 연두에디션.
21. 이중원 외. (2019). 인공지능의 윤리학. 한울 아카데미.
22. 정보현. (2022). 인공지능과 미래사회. 동문사.
23. 조승호 외. (2018). 공학, 철학, 법학의 눈으로 본 인간과 인공지능. 씨아이알.
24. 뉴스토마토. (2020.08.20.). 특허분쟁 골머리 앓는 삼성·LG "소모전 끝낸다"
25. 주간조선. (2023.02.22.). 챗GPT도 못 피한 AI 윤리적 문제.
26. 천지일보. (2023.02.14.). [IT 칼럼] '챗GPT'의 선풍, 규제와 윤리기준도 마련해야.

제8장

인공지능(AI) 인수 경쟁, 일자리 그리고 미래사회

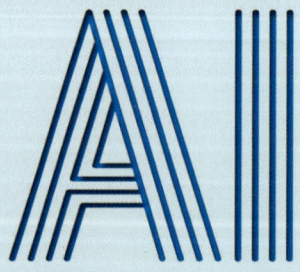

[한국인이 알아야 할]
인공지능

제1절 인공지능 스타트업 인수 및 경쟁
제2절 인공지능 시대와 일자리
제3절 인공지능과 미래사회(인간의 공존)

SECTION 1 인공지능 스타트업 인수 및 경쟁

1. 'FAMGA' 기업의 M&A

2023년 생성형 인공지능(AI) 서비스 '챗GPT' 신드롬이 일면서 IT 대기업들이 적극적으로 AI 스타트업 인수에 나설 것으로 보인다. 2022년부터 이어지고 있는 스타트업 투자 침체기를 맞아 대다수 스타트업이 자금 조달에 어려움을 겪고 있다. 이 같은 상황에 대형 IT 기업들은 챗GPT와 함께 폭발적으로 증가하고 있는 AI 서비스 수요 대응을 위해 M&A를 검토 중이다. 2023년 현재 삼성전자는 약 900억 달러(116조원), 아마존은 350억 달러(45조 원), 애플은 230억 달러(29조 원), 인텔, 엔비디아, AMD는 약 100억 달러(13조 원)의 현금을 보유하고 있다. 따라서 아마존, 애플, 인텔, 엔비디아 등이 챗GPT와 함께 폭발적으로 증가하는 AI서비스 수요에 선제적으로 대응하려고 적극적인 인수합병(M&A)을 시도할 것이라는 예상이다(권기대, 2023).

시장조사업체 옴디아는 올해 최소 두 개 이상의 AI 스타트업이 대형 기업으로 매각될 것으로 예견되며, 대형 기업들이 AI 스타트업 인수에 나설 것으로 관측되는 이유는 AI 시스템의 핵심적인 신경망 처리장치(NPU) 기술 개발에 필요한 시간을 크게 단축할 수 있다는 강점이 있기 때문이다. AI 스타트업이 개발해온 신경망 처리장치(NPU)는 인간의 신경망과 같은 구조로 데이터를 처리하는 프로세서를 말한다. 즉, 신경망 처리장치는 동시다발적인 연산에 최적화된 프로세서로 여러 개의 연산을 실시간 처리하는 구조를 가지고 있다.

또한 최근 대형 IT기업들이 AI 반도체 수요를 겨냥해 크고 작은 M&A 사례를 보면, 인텔의 경우 2019년 말 이스라엘 AI 반도체 스타트업 하바나랩스를 20억 달러(2.6조 원)에 인수한 이후 본격적으로 AI 반도체 시장에 뛰어들었다. 이에 따라 2022년 5월엔 2세대 프로세서 '가우디2'를 출시했다. 인텔은 엔비디아의 'A100'과 비교해도 대등한 성능을 보인다고 판단하고 있다(권기대, 2023).

그래픽 처리장치(GPU : Graphic Processing Unit) 시장 2위 AMD도 2022년 2월 500억 달러(65조 원)를 들여 세계 최대 '프로그래머블반도체(FPGA)' 업체인 자일링스를 인수했다. 지난 몇 년간 반도체 업계 최대의 빅딜 중 하나로 꼽힌다. '프로그래머블반도체(FPGA)'는 용도에 따라 설계를 바꾸는 반도체다. 일반 반도체에 비해 가격은 높지만, 반도체를 새로 구입하지 않고 업그레이드만 하면 된다는 장점이 있다. 일각에서는 FPGA가 기존 AI 연산에 사용되고 있는 GPU보다 더 효율적인 AI 반도체라는 의견도 나온다.

국내 스타트업투데이의 자료에 따르면, 2010년부터 2021년 6월까지 주요 IT 대기업들의 AI 스타트업 인수는 지속적으로 증가하는 추세를 보인다. 소위 'FAMGA'로 불리는 **페이스북, 아마존, 마이크로소프트, 구글, 애플**의 AI 스타트업 인수 규모는 매년 증가해왔는데, 업체별 누적 건수로 보면, **애플 29건, 구글 15건, 마이크로소프트 13건, 페이스북 12건, 아마존 7건** 등으로 집계됐다(스타트업투데이, 2021).

▼ 그림 8-1 2010~2021년, 'FAMGA'의 AI 스타트업 인수 누적 건수.

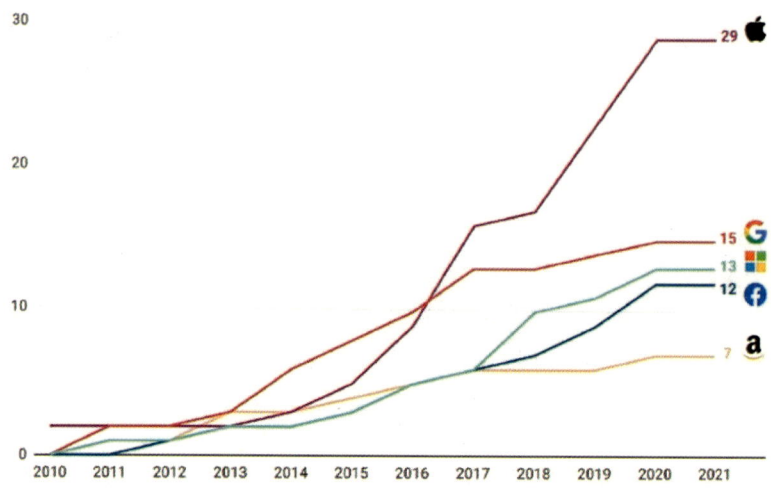

출처 : 한국 인공지능 협회(CB 인사이트)

특히 2012부터 2016년까지 구글이 1위 업체였으나 2017년부터 애플이 구글을 추월했고, 이후 애플과 구글 간 1, 2위 격차가 상당히 크게 벌어진 것으로 나타났다. 이는 애플이 아이폰에 탑재되는 얼굴인식 잠금 해제 기술인 페이스아이디(FaceID) 및 칩 개발, 컴퓨터 비전(Computer Vision) 분야 스타트업 인수에 적극 나섰기 때문으로 분석된다. 실제 애플은 2017년 이스라엘의 얼굴인식 기술 전문 머신러닝·사이버보안 기업인 '리얼페이스(Real Face)'을 인수한 바 있다.

2. IT 대기업의 M&A 및 일반트랜드

▼ 그림 8-2 2010~2021년, 미국 IT 대기업들의 AI 스타트업 인수 누적 건수.

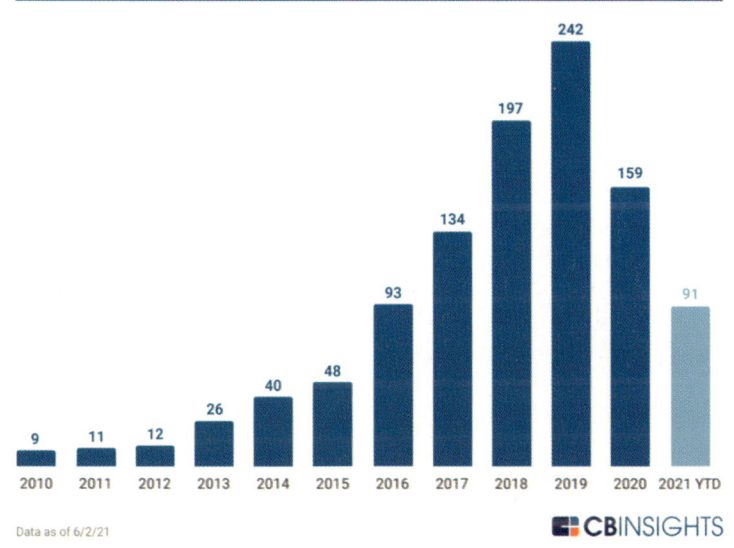

출처 : CB 인사이트(2021)

한편, CB 인사이트는 2010년 이후 연도별 전체 AI 스타트업 인수 건수가 2010년 이후 전년 대비 감소한 바 없다고 발표했다. 2020년 신종 코로나바이러스 감염증(코로나19)의 세계적 대유행으로 스타트업 투자가 극도로 위축된 상황에서도 전년 대비 34% 감소하는 데 그쳤다고 평가했다. 2021년에도 90건 이상의 인수합병(M&A)이 발생하고, 2022년에는 코로나19 이전 수준을 회복한 것으로 보았다.

특히 2010년 이후 800개가 넘는 업체들이 1,000건 이상 AI 스타트업 인수에 참여했는데, 이 중 90% 넘는 인수 업체들이 업체당 1개의 AI

스타트업만 인수했다고 집계했다. 이는 그만큼 특정 업종이나 업체에 쏠리지 않고 다양한 업체들이 AI 스타트업 인수에 참여하고 있음을 의미하는 것이라고 분석했다.

분야별로는 106개 스타트업이 인수된 자연어 처리(Natural Language Process·NLP) 및 컴퓨터 비전 분야가 가장 인수가 활발했던 영역이었다. 다음으로는 소매(Retail) 및 소비자 패키지 용품(Consumer Package Good, CPG) 분야에서 101건의 스타트업 인수가 이뤄졌다. 특히 2020년 한 해에는 코로나19 사태 속에서 헬스케어 분야 AI 스타트업 인수가 가장 많았던 것으로 집계됐다.

통상적으로 M&A는 인수 업체 입장에서 혁신적 외부 상품·서비스 업체를 인수하고 내부화해 신규 상품·서비스 개발이나 신사업 추진의 시간과 비용을 절감하기 위해 추진한다. 반면, 인수 대상 업체 입장에서는 성장성을 인정받고 엑시트 및 새로운 사업 추진의 기회가 된다. 코로나19와 같이 외부 투자가 급속히 위축된 상황에서는 M&A가 스타트업 생존의 돌파구이자, 오히려 스타트업의 진짜 혁신성과 투자 가치를 인정받는 '옥석 가리기'의 시험대가 되었다.

또한, 일반적으로 AI 스타트업이라고 하면 업체 간 다소의 차이는 있지만, 자체 알고리즘이나 머신러닝 플랫폼 등을 바탕으로 기존 또는 신규 비즈니스에서 새로운 돌파구를 가져올 역량을 지닌 업체로 평가할 수 있다. 코로나19 사태 속에서 AI 스타트업 인수 열풍이 크게 식지 않은 것도 AI 스타트업이 일반 스타트업 대비 기본적으로 핵심 기술 역량에서 앞서 있을 것이라는 투자자들의 인식과 기대감이 밑바탕에 깔려 있는 것으로 볼 수 있다.

그러나 최근 M&A 시장의 AI 스타트업 사례를 보면, AI 기술 보유 자체뿐만 아니라, 이를 기반으로 자신들의 시장과 서비스를 구축해 놓고 있는 스타트업들이 주목받는 경향이 나타나고 있다. 또한, 이들에 대한 관심이 높아지고 M&A가 진행되면서 AI 스타트업 인수에 참여하는 업체들도 FAMGA 외에 다양한 분야 대기업으로 확장되는 효과가 나타나고 있다.

실제로 CB 인사이트는 AI 스타트업 M&A 인수 업체가 다양화되고 있다고 분석하고 있다. 2021년 5월 월마트(Walmart)가 가상 의류 시착(virtual clothing try-on) 스타트업인 '직키트(Zeekit)'를 인수한 것과 재생 에너지 기업 스카이스펙스(SkySpecs)가 풍력 발전 예측 유지보수 AI 스타트업인 '버티컬AI(Vertical AI)'를 인수한 것을 사례로 들었다. 또한, 채용·평가 등 AI 기반 인사관리(Human-Resource·HR) 스타트업 인수도 최근 스타트업 M&A의 주요 트렌드가 되고 있다고 강조했다.

한편, M&A 사례는 아니지만 2020년 5월 말 AI 스타트업인 '뤼이드(Riiid)'가 소프트뱅크 비전펀드 2로부터 1억 7,500만 달러의 투자를 유치했다고 발표해 주목받은 일이 있다. 뤼이드 역시 AI를 기반으로 에듀테크 시장을 공략하고 있고, 인기 서비스를 보유하고 있다는 점이 소프트뱅크 투자 유치의 주요 배경이 되었을 것으로 추정된다.

이 같은 AI 스타트업의 M&A 트렌드는 전체 스타트업 생태계의 지속 가능성 측면에서도 시사점을 주고 있다. 시장 상황이 어려울수록 핵심 기술 역량뿐만 아니라, **핵심 공략 시장과 자체 고객 기반을 확보**하고 있어 인수자와 투자자에게 **가시적 비즈니스 확장 기회를 제공하는 스타트업**일수록 유리하다는 것이다.

SECTION 2   인공지능 시대와 일자리

1. 산업혁명과 일자리 변화

최근 인공지능 '챗GPT'가 등장하면서 높은 수준의 인공지능 기술에 대한 일반인들의 관심이 폭발적이다. 우리의 일상 깊숙이 침투한 인공지능은 인간처럼 생각하고 말하는 준비를 마친 상태이다. 지금 인간들이 갖는 문제의식은 앞으로 인공지능이 모든 분야에서 인간의 일자리를 위협할지도 모른다는 생각이다. 우리가 산업혁명이라는 변혁기를 생각해 보면 혁신적인 기술의 탄생과 함께 인간은 일자리 변화와 함께 생존했다.

1차 산업혁명 시대 기계의 발명으로 '증기기관'의 발명되어 기차와 방적기가 생산되었다. 마차가 기차로 변화를 넘어 농업에 종사하던 사람들은 일자리를 잃었지만 많은 사람은 도시의 공장에서 새로운 일자리를 갖게 되었다. 농업에 관련된 일자리는 감소하고 도시의 공장 일자리가 증가하게 되었다.

2차 산업혁명 시대에는 전기 에너지 기반의 대량생산 혁명의 시기이다. 전기 및 자동차로 대변되는 기술혁신과 대량생산이라는 기업경영의 변화가 일어났다. 자동화로 많은 사람이 일자리를 잃을 것으로 예상되었으나, 공장자동화로 자동차가 대량 생산되면서 운전, 정비, 보험 등 새로운 일자리들이 창출되었다.

3차 산업혁명 시대는 전 세계 국가 등을 중심으로 컴퓨터, 인터넷의 발명으로 정보 공유방식이 생기면서 정보통신기술의 발달로 사람, 환경, 기계 등의 연결성은 물론 금융, 무역, IT 등 컴퓨터 관련 화이트칼라 직군의 급격한 증가를 가져오게 되었다. 이 당시 대기업과 같은 일부 기업을 제외하면 대부분의 회사에 IT 전담 인력이 전무했고, IT와 직간접적으로 연계된 일을 하는 사람이 폭발적으로 증가하리라고 예상하기 쉽지 않았다.

4차 산업혁명이 진행 중인 현재에도 3차 산업혁명 시대까지의 변화와 같이 비슷한 일이 일어날 가능성이 높다. 인공지능을 교육하거나 훈련시키는 일자리가 모든 분야에서 많이 생길 것이며, 특히 인공지능을 교육하는 사람이나 인공지능에게 일을 시켜 생산성을 높이거나 나누어질 것으로 전망한다. 모두가 인공지능 전문가가 되는 건 아니라도 적어도 인공지능을 현명하게 활용할 줄 알아야 살아남을 수 있는 세상이 되었다는 것이다.

2. 2020년 이전 일자리 예견

세계경제포럼은 이미 2016년에 당시 기준 7세 이하 어린이들의 약 65%가 기존에 없었던 새로운 직업을 가지게 될 것이라고 전망했다. 개인과 기업의 가장 큰 경쟁력이 창의성이라는 한 단어로 요약되는 시대가 올 것이라며, 인공지능이 대체하기 어려운 영역으로 이동해야 한다고 예견하였다. 즉, 반복적인 업무 등 단기간에 인공지능에 의해 대체되기 쉬운 일에 종사하고 있다면 직종 자체에 있어 급진적인 변화를 준비해야 할 수 있다며 부정적이고 비관적인 이야기가 대세였다.

머니투데이에 따르면 **지금부터 약 10여 년 전인 2013년에서 2017년 저명한 컨설팅 기관들의 예견을** 살펴보면, 인공지능(AI)·로봇 기술이 하루가 다르게 발전하고 사물인터넷(IoT)과 블록체인으로 대표되는 4차 산업혁명 시대가 도래하면서 상당수의 직업이 자동화되고, 이에 따라 대량실업이 발생할 것이라는 불안감이 고조되고 있다고 판단했다.

글로벌 경영 컨설팅회사인 딜로이트(Deloitte)도 2017년 3월 발표한 보고서에서 "향후 20년 내 법률 분야의 10만 개 이상 일자리가 자동화될 가능성이 높다"고 진단했다. 옥스포드 대학교(University of Oxford) 마틴 스쿨의 교수가 2013년 9월 발표한 논문에 따르면 회계사의 업무 역시 20년 후엔 컴퓨터로 대체될 가능성이 높은 것으로 나타났다. 언론사 기자도 자동화의 위협에서 안전하지 않다. 이외 산업 디자이너도 자동화 가능성이 높은 고위험 직업군으로 분류된다.

이들 직업군은 모두 정해진 알고리즘에 따라 업무가 진행된다는 공통점이 있다. 이러한 업무를 처리하는 능력은 컴퓨터가 인간보다 월등히 뛰어나므로 인간이 컴퓨터와의 경쟁에서 살아남기 힘들다. 그리고 미국 미래학자 마틴 포드(Martin Ford)는 텔레마케터같이 일상적·반복적이며 예측이 가능한 작업은 자동화될 위험이 높다고 밝혔다.

▼ 그림 8-3 인공지능으로 감소하는 일자리(2013~2017년 예견)

출처 : 머니투데이. 2017.11.18., 재구성.

같은 이유로 20년 후 운전기사와 공장근로자가 AI로 대체될 것으로 전망했으며, 인간보다 컴퓨터가 더 잘 수행할 수 있는 부동산중개 업무의 85%가 자동화될 것으로 내다봤다. 하지만 AI·로봇의 등장에도 불구하고 대체될 가능성이 낮은 직업들이 많이 존재한다고 보았다. 치과의사, 헬스트레이너, 초등교사, 레크리에이션 강사, 소방관 등이 컴퓨터로 대체될 가능성은 1% 미만이다.

이들 직업은 인간의 독창성과 직관, 감정지능 등을 요구하거나 손을 사용하는 일이나 육체노동 같은 인간 고유의 특성을 활용하고 면대면으로 얼굴을 보며 진행해야 하는 업무가 주를 이룬다. 이러한 업무들은 의사결정 능력이 없는 컴퓨터 소프트웨어가 수행할 수 없다. 때문에 자동화의 위기에서 상대적으로 안전한 직군으로 전문가들은 분석했다. 예술가나 과학자같이 창의력이 요구되는 직업이나 간호사처럼 고객과 긴밀한 관계를 구축해야 하는 직업은 자동화되기가 어렵다고 분석했다.

3. 2020년 이후 일자리 예견

이에 비해 2020년대 세계경제포럼 연례 총회에서 열린 한 행사에서 마이크로소프트 최고경영자인 사티아 나델라는 "지식 노동에 종사하는 사무직들이 자신의 일자리를 빼앗긴다고 생각하지 말고 챗GPT와 같은 새로운 도구를 적극적으로 받아들여야 한다"고 말하였다.

그렇다면 우리는 지금 당장 어떤 일을 해야 하고 할 수 있을까. 인공지능에게 넘겨줄 업무가 무엇이고, 새롭게 정의된 업무에 내가 강점으로 키울 것이 무엇인지 생각하는 것이 중요하다. 인공지능의 발전을 지켜보면서 현재 직종의 특성에 따라 변화를 모색해야 한다.

2020년 세계경제포럼(WEF)은 미래 일자리를 전망한 보고서 「The Future of Jobs Report 2020」을 발표하였다. 이 보고서에 따르면 **2020년 이후 향후 5년간 전 세계 일자리가 약 1,200만 개 증가할 것으**로 예상하였다. 인간과 기계의 분업으로 일자리 8,500만 개가 사라질 것으로 추산되며, 새로 생겨날 일자리는 9,700만 개에 이르는 것으로 예상하였다. 산업혁명이 기존 일자리를 없애고 새로운 일자리를 창출한 것처럼 AI도 미래 일자리 시장의 지각변동을 유발하는 '도화선'이 될 전망이다. 세계경제포럼은 향후 5년간 변화하는 일자리에 대해 글로벌 기업의 경영진을 대상으로 조사를 수행하였으며, 특히 2020년 코로나 팬데믹의 영향을 추가로 조사하여 반영하였다.

설문 조사는 전 세계 770만 명 이상의 근로자를 고용하고 있는 글로벌 기업 291개의 인사, 전략, 혁신을 담당하는 고위 임원을 대상으로 수행하였다. 조사 대상 경영진이 속한 산업은 디지털 통신 및 정보기술, 광업 및 금속, 교육 등 15개 분야이며, 국가는 한국을 제외한 미국, 영국, 중국, 독일, 인도 등 26개국이었다. 또한 ① 노동시장에 영향을 미치고 있는 주요 동향과 유망기술, ② 향후 5년간 일자리·스킬 변화 전망, ③ 근로자의 훈련 및 재교육의 필요성 및 계획, ④ 코로나 팬데믹이 노동시장에 미치는 영향과 같이 크게 4가지 부분으로 구성하였다.

이 보고서는 4차 산업혁명에 의한 첨단 기술의 발달과 코로나 팬데믹으로 인해 노동시장은 불확실성이 확대되고, 원격근무 등의 근무 방식 변화 및 취약계층의 불평등이 심화될 가능성이 존재한다고 보았다. 따라서 원격근무 적용은 직종과 국가 소득에 따라 격차가 존재하고, 업무 생산성에 영향을 미치며 불평등의 영향은 저임금 근로자, 여성 및 젊은 근로자, 취약 산업에 속한 근로자, 교육 수준이 낮은 근로자에게 특히 크게 나타난다고 보았다. 향후 5년간('20~'25), 일자리 수 증가와 유망 신기술의 도입에 따라 직무의 스킬 격차가 커지는 상황에서 근로자에게 적절한 스킬 재교육이 필요하다고 보았다.

- 암호화, 클라우드 컴퓨팅, 로봇, 인공지능 기술에 대한 관심이 크게 증가
- 데이터 분석가·과학자, AI·머신러닝 전문가 등 최신 기술 활용 직군에 대한 수요 증가
- 비판적 사고 및 분석력, 문제 해결력뿐만 아니라 능동적 학습, 탄력성과 같은 자기관리 능력(self-management)이 유망 스킬로 부각
- 기업의 경영진은 근로자에 대한 재교육 및 스킬 향상에 지원하기 위해 비공식 학습(Informal learning)을 확대 및 온라인 교육 플랫폼을 적극 활용할 예정이라고 보았다.

즉, 정부나 기업은 노동시장 변화에 적극적으로 대응하기 위해서 **재교육을 통한 근로자의 스킬역량 강화가 필수적이며, 민·관의 중·장기적 정**

책 지원과 투자가 필요하다고 강조하였다.

또한, '인공지능 혁명 2030' 및 '세계미래보고서' 저자인 벤 고르첼 박사는 일반 인공지능 시대가 2023년 시작된다고 주장하였고, AI를 기업이 오용하지 않도록 OpenAI를 비영리로 세워야 한다고 강조하였다.

▼ 그림 8-4 오픈 AI의 챗GPT

출처 : 오픈AI 홈페이지

이렇게 세계적인 미래학자들은 챗GPT가
- 창의적인 일, 예술가들의 일을 대체한다
- 정신노동이 필요한 서비스업을 대신한다
- 카피라이터를 대신해 광고 콘텐츠를 제작한다
- 변호사, 법률가를 대신해 법률 자문 서비스를 제공한다
- 기초과학 분야 과학자들의 일을 대신한다
- 컴퓨터 프로그래머들의 일을 대신한다
- 인플루언서를 대신해 가성비 좋은 제품을 추천한다
- 인터넷신문 기사를 만들고 편집한다며 화이트칼라의 일자리를 위협하는 예측을 내놓았다.

- 또한 챗GPT는 자본주의의 소멸과 종교의 붕괴 가능성을 예측해 충격을 주고 있다.

이에 대해 **인공지능(AI)이 고도화할수록 인간의 역할은 더 늘어날 전망으로 예견한 학자들도** 있다. 클라우드 기업 워크데이의 아시아태평양·일본(APJ) 지역 **데미안 리치** 최고기술책임자(CTO)는 2023년 3월 23일 서울 그랜드 인터컨티넨탈에서 열린 기자간담회에서 "오래전부터 AI와 머신러닝이 일의 미래를 뒷받침할 것이라고 확신했다"라고 주장하였다.

또한, AI가 현재 직업 중 상당수를 대체할 것으로 예상되지만, 중요한 의사결정은 결국 인간 손에 달려 있다고 보기 때문이다. 전문가들은 생성형 AI가 인간의 역할을 빼앗는 '**대체재**'가 아니라 인간을 돕는 '**보완재**' 역할을 한다고 본다. AI의 발전 가능성은 무한하지만, 결국 인간이 역할을 해야 한다는 분석이다. AI의 발전으로 일부 일자리는 대체될 수 있다. AI 기반의 기계 번역, 음성 인식, 이미지 분석 등은 전문 번역가, 통역가, 성우, 디자이너 등의 업무를 일부 대신할 수 있다. 단순하고 정형화한 업무를 AI가 맡을 가능성이 높다.

그러나 인간의 감성이나 직관은 AI가 도달할 수 없는 영역이다. 생성형 AI가 판례와 법령을 분석하고 요약하는 데 도움을 주지만, 어떤 방향으로 변론을 펼칠지까지 결정할 수 없다. 의료 데이터를 분석해 질병을 알아내고 어떤 약이 적합한지 데이터를 만들 수 있지만, 치료법을 결정하는 건 인간의 판단이 개입해야 한다. AI가 기존 데이터를 바탕으로 참신한 광고문구를 만들어도 이를 다듬고 완성하는 건 인간의 몫이다.

생성형 AI에 영향을 받는 직업의 경우 역할이 세분화되고 전문적으로 발전할 것이라면서, 인간은 패턴화된, 또는 이미 알려졌지만 내가 못 찾은 정보 때문에 시간을 많이 소모하지 않고 핵심 아이디어나 차별화 포인트에 집중할 수 있게 될 것이라고 내다봤다.

AI를 제대로 학습시키고 오류를 바로잡는 과정에도 인간의 손이 필요하다. 또한 인간이 개입하지 않는 AI는 잘못된 정보를 '확증편향'하는 부작용을 양산할 가능성도 있다. 잘못된 정보를 그럴듯한 이야기로 만들어내는 '환각'의 문제다. AI가 학습한다는 것은 맥락을 이해하는 게 아니라 문장을 자연스럽게 만드는 것이기 때문이다. 이 때문에 챗GPT는 민감한 문제에 대해 대답하지 않는 식으로 오류를 줄이려고 한다.

그럼에도 불구하고 최근 챗GPT를 통해 변호사, 회계사, 의사시험 등에도 우수한 성적으로 통과되고 시, 소설은 물론 작사, 작가, 그림 등 창작 활동도 거침없이 하는 등 활동 영역을 넓혀 나아가고 있다. 따라서 이제는 그동안 안전하다고 혹은 상대적으로 덜 위험직종으로 분류되던 전문 직종은 물론 창작 활동 및 감정노동의 경우도 인공지능에게 일자리를 잃을 것 같은 고 위험직종으로 변화하였다.

4차 산업혁명의 주창자인 클라우스 슈밥은 미래의 일자리는 우리가 하는 일을 바꾸는 것이 아니라 인류 자체를 변화시키는 혁명적인 변화라고 예견하였다. 따라서 그동안의 산업혁명에서 본 바와 같이 일자리도 시대의 변화에 맞게 준비하고 발맞추어 나아가는 자세가 중요하다.

SECTION 3 인공지능과 미래사회 (인간의 공존)

1. 부정론과 긍정론

21세기 급속히 발전하는 인공지능(AI)을 두고 정보통신업계는 물론 세계의 석학들은 비관론과 낙관론을 쏟아내고 있다. **긍정론자**는 **페이스북의 마크 저커버그**이다. 그는 "AI는 앞으로 가깝게는 5~10년 내 인류의 삶을 더 좋아지게 할 것이라며 AI의 위험성을 전파하는 것은 무책임"하다고 주장했다.

▼ 그림 8-5 'AI 낙관론자' 저커버그 vs 'AI 비관론자' 머스크

출처 : Teslarati

이에 비해 **부정론**을 가진 대표적인 인물은 **테슬라의 CEO인 일론 머스크(Elon R. Musk)**와 역사학자인 유발 하라리이다.

일론 머스크 2014년 MIT 100주년 심포지움에서 "인공지능 연구는 우리가 악마를 소환하는 것이나 다름없다."라고 하였다. 2014년 CNBC 인터뷰와 2018년 SXSW 기술 컨퍼런스에서 "인공지능의 발달은 영화 터미네이터와 같은 끔찍한 일을 현실에서 만들 수도 있다. 명심하라 AI는 핵무기보다 위험하다. 인공지능 개발 경쟁이 제3차 세계대전의 원인이 될 수 있기 때문에 세계적인 차원에서 AI에 대해 통제 · 감시 체계를 구축해야 한다"고 주장하였다. 2023년 2월 두바이에서 열린 세계정부정상회의(WGS) 화상 연설에서 "문명의 미래에 가장 큰 위험 중 하나는 AI"라며 위험성을 경고하고 규제 필요성을 역설했다.

또한 역사학자이며 세계적 베스트셀러 작가인 **유발 하라리**는 2023년 3월 24일 뉴욕타임지 공동기고문에서 "GPT−4 같은 인공지능의 위험성을 지적하며 AI사용을 늦추면서 이에 대한 통제 방법을 찾아야 한다. AI의 언어 습득은 AI가 문명의 운영 체제를 해킹하고 조작할 수 있게 됐음을 뜻한다"고 주장하였다. AI가 언어를 습득한 것은 인류 문명의 마스터키를 손에 넣은 것과 같다는 것으로 영화 '터미네이터'나 '매트릭스'에서처럼 AI가 인간을 공격하거나 인간 두뇌를 통제하는 행위 등이 가능해질 수도 있음을 경고하였다. 정치, 경제, 일상생활이 아직은 AI에 의존하지 않는 지금이 AI에 대해 고민해야 할 때라고 제안하고 있다.

▼ **그림 8-6** 'AI 비관론자' vs 'AI 낙관론자'

(왼쪽부터) 빌 게이츠, 일론 머스크, 스티븐 호킹, 레이 커즈와일

중점적인 입장인 물리학자인 **스티븐 호킹**(Stephen W. Hawking) 박사도 인공지능의 사회적 영향력에 대해 말을 하였다. 2016년 케임브리지대학교 LCFI 개소식 연설에서 "강력한 인공지능의 등장은 인류에게 일어나는 최고의 일이 될 수 있지만, 최악의 일이 될 수도 있다. 우리는 어느 쪽이 될지 아무도 알 수 없다."라고 하였다. 또한 2017년 웹서밋 기술 콘퍼런스에서는 "인류가 AI에 대처하는 방법을 익히지 못한다면 AI 기술은 인류 문명사에서 최악의 사건이 될 것이다."라고 주장하였다.

마이크로소프트(MS) 창업자인 빌 게이츠는 2015년 한 강연에서 컴퓨터나 영화 '터미네이터'처럼 로봇의 지능이 사람의 지능을 뛰어넘어 인류를 조종하고 통제하는 수준에 도달할 수 있다는 점을 우려한다면서도 "기계가 편리함을 주되 초지능이 되지 않도록 인류가 잘 관리를 해야 한다"라고 덧붙였다. 2018년 뉴욕 헌터 칼리지 강연에서 "AI는 그저 적은 노동력으로 더 많은 생산과 서비스를 가능하게 하는 최신 기술일 뿐"이라며 "수백 년간 그런 신기술들이 우리에게 발전을 가져다줬다. 인공지능(AI)은 인간의 친구가 될 수 있다"라며 'AI 낙관론'을 폈다.

한편, 미래학 전문 교육기관 '**싱귤레리티(Singularity) 대학교**' 설립자이자 구글 엔지니어링 이사인 **레이 커즈와일**은 "인공지능을 두려워할 필요 없다"라고 말한다. 생화학 무기나 유전자 재조합 기술이 나왔을 때도 이러한 논란이 끊이지 않았다는 것이 그의 주장이다.

2. 인간과 공존하는 미래 인공지능 사회

현재까지 인간의 뇌는 우리가 알고 있는 우주 안에서 가장 복잡한 사물이다. 그러나 **일론 머스크**는 2025년이면 AI가 인간을 추월할 것으로 봤다. 그가 투자한 인간 뇌와 컴퓨터 인터페이스 전문 스타트업인 **뉴럴링크 회사**가 2025년경 실적을 낼 것으로 예견하는 듯하다.

▼ **그림 8-7** 인공지능 폭발과 특이점

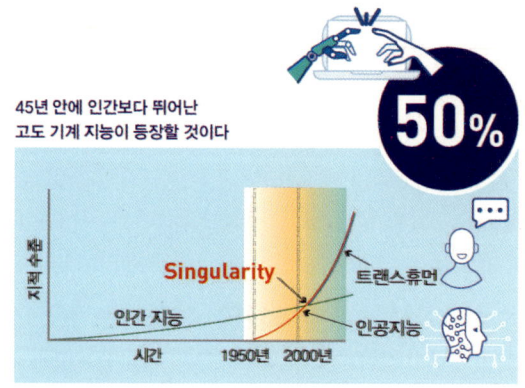

출처 : 미디어효성. 2020.1.20

미래학자 **레이 커즈와일**은 그의 저서 <특이점(Singularity)이 온다>에서 **2045년**이면 **기술이 인간**을 추월하기 시작할 것으로 전망했다. 특이점이란 '인공지능이 비약적으로 발전하여 인간 지능을 뛰어넘는 기점'을 말한다. 특이점을 뛰어넘게 되면 인공지능은 인류가 수만 년 동안 이뤄낸 기술 발전과는 비교되지 않을 만큼 폭발적인 성장을 가능하게 한다. 생물학적 진화 속도를 완벽하게 초월하는 기술의 발전이다.

그는 지난 30년간 미래 예측에서 147가지 예측 중 126가지인 80%가 넘는 적중률을 보인 미래학자이기도 하다. 커즈와일은 이 시기가 오면 인간이 기술을 발전시키는 것이 아니라 기술이 기술을 발전시키게 될 것으로 예상했다. 특이점에 도달하는 시기에 대해서는 의견이 분분하다. 대체로는 2035~3000년이 점쳐지고 있지만 편차가 매우 크고 아예 불가능하다는 견해도 있다.

그러나 커즈와일은 물론 대다수 미래학자는 우리가 최근에 느끼는 것과 같이 현재 인류는 특이점에 가까이 왔다고 주장한다. 약 40억 년 전 인류가 시작된 이후 현재까지 기술 발전 변화를 보면 과거 수십억 년 동안의 기술의 변화보다 근대의 몇백 년이 변화가 기하급수적으로 상승했음을 알 수 있다.

특히, 인공지능만 보더라도 지난 약 70~80년간의 변화 속에서 과거 약 10년 주기의 부흥과 침체의 기간을 벗어나 알파고, 챗GPT 등 이제는 비약적인 발전을 체험하고 있다. 머지않아 기술적 폭발이 일어나는 특이점이 오고 있음을 알 수 있다. 이러한 예측들이 적중되어 특이점이 오면 인공지능이 통제 불가능한 수준으로 발전되어 초인공지능이 탄생 될 것이다.

커즈와일은 초인공지능 예측뿐만이 아니라 미래 **인간의 수명 연장도 가능하다고 예견**하였다. 또한 물리학, 디지털, 생물학 기술의 특이점이 온다면 나노 로봇 기술을 통한 로봇을 몸에 삽입시켜 인간의 몸속에서 암을 치료하는 등의 기술 진보가 가능할 것으로 예상된다. 미래에는 뇌를 제외한 신체 일부를 교체 혹은 재생을 통해 100세를 넘는 조만간 150세 혹은 200세 등을 사는 날로 곧 다가올 것이다.

세계의 많은 석학이 우려하는 바와 같이 부정적인 견해도 많은 것이 사실이나, 인류는 수십억 년의 역사와 수많은 산업혁명 속에서 사회의 변화에 적응하고 공존하며 적응했다. 인공지능의 특이점과 급격한 변화로 인간이 인공지능에 예속화 혹은 정복되는 많은 영화 혹은 기사들도 넘쳐나고 있다.

그럴수록 우리 인간이 인공지능을 잘 통제하고 이성을 통한 법제도 및 윤리규정 등을 정비하여 예방을 통해 인공지능과 공존하기 위한 의식도 빠르게 진화되고 있다. 한국의 석학이셨던 고 이어령 선생의 말씀처럼 인공지능은 우리 인간의 "말(horse)"이 되어야 한다. 따라서 정복하거나 정복되는 존재가 아니라, 우리 인간과 함께 공존하며 인간을 돕는 도구로 활용되고 함께 발전하는 이웃이 되길 확신한다.

또한 인간과 공존하는 인공지능은 전 세계 이슈인 기후위기에 대한 우려와 풍요로운 인간사회로 인해 국가 간 전쟁 및 경제분쟁 문제에도 해결책을 제시할 것으로 기대해 본다.

8장 참고문헌

1. 과학기술인재정책. (2020.09). 일자리 미래 2020 보고서. 동향리포트.
2. 권기대. (2023). 챗GPT 혁명. 베가북스.
3. 김성애 외. (2022.06). 인공지능과 윤리. 삼양미디어.
4. 반병현. (2023). 챗GPT. 생능북스.
5. 박영숙 김민석. (2023.03.27). 챗GPT 세계미래보고서. 더블북.
6. 이상덕. (2023). 챗GPT 전쟁. 인플루엔셜.
7. 조중혁. (2021.04.10). 인공지능 생존 수업. 슬로디미디어.
8. 정보현. (2022.03). 인공지능과 미래사회. 동문사
9. 최성. 4차산업혁명 핵심 인공지능. 광문각.
10. 황동현 외. (2021.10). 디지털혁신으로 이루는 미래비전. 북코리아.
11. 국민일보. (2023.02.16). AI가 일자리 뺏는다?… "고도화할수록 사람의 손 더 필요할 것" 모든 걸 바꿀 생성형 AI. 김준엽.
12. 노컷뉴스. (2023.02.16). '좌충우돌' 머스크 이번엔 인공지능 위험성 경고. 안성용 기자
13. 디지털데일리. (2023.02.02.). GPT-4 얻은 MS 빙 반격. 김문기 기자
14. 머니투데이. (2017.11.18). 인공지능(AI)·로봇 등장해도 사라지지 않을 10개 직업은?. 조성은 기자
15. 스타트업투데이. (2021.7.13). AI 스타트업 M&A '돌풍'… 최근 사례가 시사하는 '이것'. 김상일 전문기자
16. 연합뉴스. (2023.3.25). 유발 하라리 "AI가 인류 장악하기전 인간이 AI 통제해야". 이주영기자
17. 조선일보. (2023.02.24). '챗GPT'발 AI 광풍에… 반도체 공룡들, AI 스타트업 인수 시동. 황민규 기자

한국인이 알아야 할 인공지능

ⓒ 황동현 2023

2023년 7월 20일 초판 1쇄 발행
2023년 10월 10일 초판 2쇄 발행

지은이 | 황동현
펴낸이 | 안우리
펴낸곳 | 스토리하우스

등 록 | 제324-2011-00035호
주 소 | 서울특별시 종로구 자하문로 301
전 화 | 02-3217-0431
팩 스 | 0505-352-0431
이메일 | chinanstory@naver.com
ISBN | 979-11-85006-41-3 03550

값: 19,800원

* 이 책은 저작권법에 따라 보호받는 저작물이므로 무단전재와 무단복제를 금지하며 이 책의 내용을 전부 또는 일부를 이용하려면 반드시 저작권자와 스토리하우스의 서면동의를 받아야 합니다.
* 잘못 만들어진 책은 구입한 곳에서 바꿔드립니다.